中国主要重大生态工程固碳量评价丛书

长江、珠江流域防护林体系建设工程固碳研究

张全发 张克荣 程晓莉 等 著

U0230432

科学出版社

北 京

内 容 简 介

本书介绍了长江、珠江流域防护林体系建设工程启动背景、整体规划、实施情况和建设成效;系统评估了工程的固碳量、固碳速率和固碳潜力;揭示了典型防护林的固碳过程和固碳机理;探讨了典型地区不同工程措施对防护林固碳的影响;剖析了工程建设和管理中存在的问题,提出了促进工程可持续发展的策略。

本书可为森林生态与管理研究领域的科技人员提供关于生态工程固碳评价方法、固碳过程与机理研究方面的参考资料;对国家和区域开展生态工程碳汇效应分析、发展增汇措施、实现"双碳"目标及制定环境管理政策具有一定的参考价值。

审图号: GS 京(2022)1123 号

图书在版编目(CIP)数据

长江、珠江流域防护林体系建设工程固碳研究 / 张全发等著. —北京: 科学出版社, 2022.11

(中国主要重大生态工程固碳量评价丛书)

ISBN 978-7-03-073885-1

Ⅰ. ①长… Ⅱ. ①张… Ⅲ. ①长江流域–防护林–碳–储量–研究②珠江流域–防护林–碳–储量–研究 Ⅳ. ①X321.2

中国版本图书馆 CIP 数据核字(2022)第 219795 号

责任编辑: 张 菊 / 责任校对: 邹慧卿
责任印制: 吴兆东 / 封面设计: 无极书装

科学出版社 出版
北京东黄城根北街 16 号
邮政编码: 100717
http://www.sciencep.com

北京中科印刷有限公司 印刷

科学出版社发行 各地新华书店经销

*

2022 年 11 月第 一 版 开本: 720×1000 1/16
2023 年 10 月第三次印刷 印张: 13
字数: 260 000

定价: 158.00 元
(如有印装质量问题,我社负责调换)

丛 书 序 一

气候变化已成为人类可持续发展面临的全球重大环境问题,人类需要采取科学、积极、有效的措施来加以应对。近年来,我国积极参与应对气候变化全球治理,并承诺二氧化碳排放力争于 2030 年前达到峰值,努力争取 2060 年前实现碳中和。增强生态系统碳汇能力是我国减缓碳排放、应对气候变化的重要途径。

世纪之交,我国启动实施了一系列重大生态保护和修复工程。这些工程的实施,被认为是近年来我国陆地生态系统质量提升和服务增强的主要驱动因素。在中国科学院战略性先导科技专项及科学技术部、国家自然科学基金委员会和中国科学院青年创新促进会相关项目的支持下,过去近 10 年,中国科学院生态环境研究中心、中国科学院沈阳应用生态研究所等多个单位的科研人员针对我国重大生态工程的固碳效益(碳汇)开展了系统研究,建立了重大生态工程碳汇评价理论和方法体系,揭示了人工生态系统的碳汇大小、机理及区域分布,评估了天然林资源保护工程,退耕还林(草)工程,长江、珠江流域防护林体系建设工程,退牧还草工程和京津风沙源治理工程的固碳效益,预测了其未来的碳汇潜力。基于这些系统性成果,刘国华研究员等一批科研人员总结出版了"中国主要重大生态工程固碳量评价丛书"这一重要的系列专著。

该丛书首次通过大量的野外调查和实验,系统揭示了重大生态工程的碳汇大小、机理和区域分布规律,丰富了陆地生态系统碳循环的研究内容;首次全面、系统、科学地评估了我国主要重大生态建设工程的碳汇状况,从国家尺度为证明人类有效干预生态系统能显著提高陆地碳汇能力提供了直接证据。同时,该丛书的出版也向世界宣传了中国在生态文明建设中的成就,为其他国家的生态建设和保护提供了可借鉴的经验。该丛书中的翔实数据也为我国实现"双碳"目标以及我国参与气候变化的国际谈判提供了科学依据。

　　谨此，我很乐意向广大同行推荐这一有创新意义、内容丰富的系列专著。希望该丛书能为推动我国生态保护与修复工程的规划实施以及生态系统碳汇的研究发挥重要参考作用。

北京大学教授

中国科学院院士

2022 年 11 月 20 日

丛书序二

　　生态系统可持续性与社会经济发展息息相关，良好的生态系统既是人类赖以生存的基础，也是人类发展的源泉。随着社会经济的快速发展，我国也面临着越来越严重的生态环境问题。为了有效遏制生态系统的退化，恢复和改善生态系统的服务功能，自 20 世纪 70 年代以来我国先后启动了一批重大生态恢复和建设工程，其工程范围、建设规模和投入资金等方面都属于世界级的重大生态工程，对我国退化生态系统的恢复与重建起到了巨大的推动作用，也成为我国履行一系列国际公约的标志性工程。随着国际社会对维护生态安全、应对气候变化、推进绿色发展的日益关注，这些生态工程将会对应对全球气候变化发挥更加重大的作用，为中国经济发展赢得更大的空间，在世界上产生深远的影响。

　　在中国科学院战略性先导科技专项及科学技术部、国家自然科学基金委员会和中国科学院青年创新促进会等相关项目的支持下，中国科学院生态环境研究中心、中国科学院沈阳应用生态研究所、中国科学院水利部水土保持研究所、中国科学院武汉植物园、中国科学院地理科学与资源研究所、中国科学院遗传与发育生物学研究所农业资源研究中心等单位的研究团队针对我国重大生态工程的固碳效应开展了系统研究，并将相关研究成果撰写成"中国主要重大生态工程固碳量评价丛书"。该丛书共分《重大生态工程固碳评价理论和方法体系》、《天然林资源保护工程一期固碳量评价》、《中国退耕还林生态工程固碳速率与潜力》、《长江、珠江流域防护林体系建设工程固碳研究》、《京津风沙源治理工程固碳速率和潜力研究》和《中国退牧还草工程的固碳速率和潜力评价》六册。该丛书通过系统建立重大生态工程固碳评价理论和方法体系，调查研究并揭示了人工生态系统的固碳机理，阐明了固碳的区域差异，系统评估了天然林资源保护工程，退耕还林（草）工程，长江、珠江流域防护林体系建设工程，退牧还草工程和京津风沙源治理工程的固碳效益，预测了其未来固碳的潜力。

　　该丛书的出版从一个侧面反映了我国重大生态工程在固碳中的作用，不仅为我国国际气候变化谈判和履约提供了科学依据，而且为进一步实现我国"双碳"战略目标提供了相应的研究基础。同时，该丛书也可为相关部门和从事生态系统固碳研究的研究人员、学生等提供参考。

中国科学院院士

中国科学院生态环境研究中心研究员

2022 年 11 月 18 日

丛 书 序 三

2030 年前碳达峰、2060 年前碳中和已成为中国可持续发展的重要长期战略目标。中国陆地生态系统具有巨大的碳汇功能，且还具有很大的提升空间，在实现国家"双碳"目标的行动中必将发挥重要作用。落实国家碳中和战略目标，需要示范应用生态增汇技术及优化模式，保护与提升生态系统碳汇功能。

在过去的几十年间，我国科学家们已经发展与总结了众多行之有效的生态系统增汇技术和措施。实施重大生态工程，开展山水林田湖草沙冰的一体化保护和系统修复，开展国土绿化行动，增加森林面积，提升森林蓄积量，推进退耕还林还草，积极保护修复草原和湿地生态系统被确认为增加生态碳汇的重要技术途径。然而，在落实碳中和战略目标的实践过程中，需要定量评估各类增汇技术或工程、措施或模式的增汇效应，并分层级和分类型地推广与普及应用。因此，如何监测与评估重大生态保护和修复工程的增汇效应及固碳潜力，就成为生态系统碳汇功能研究、巩固和提升生态碳汇实践行动的重要科技任务。

中国科学院生态环境研究中心、中国科学院沈阳应用生态研究所、中国科学院水利部水土保持研究所、中国科学院武汉植物园、中国科学院地理科学与资源研究所和中国科学院遗传与发育生物学研究所农业资源研究中心的研究团队经过多年的潜心研究，建立了重大生态工程固碳效应的评价理论和方法体系，系统性地评估了我国天然林资源保护工程，退耕还林（草）工程，长江、珠江流域防护林体系建设工程，退牧还草工程和京津风沙源治理工程的固碳效益及碳汇潜力，并基于这些研究成果，撰写了"中国主要重大生态工程固碳量评价丛书"。该丛书概括了研究集体的创新成就，其撰写形式独具匠心，论述内容丰富翔实。该丛书首次系统论述了我国重大生态工程的固碳机理及区域分异规律，介绍了重大生态工程固碳效应的评价方法体系，定量评述了主要重大生态工程的固碳状况。

　　巩固和提升生态系统碳汇功能，不仅可以为清洁能源和绿色技术创新赢得宝贵的缓冲时间，更重要的是可为国家的社会经济系统稳定运行提供基础性的能源安全保障，将在中国"双碳"战略行动中担当"压舱石"和"稳压器"的重要作用。该丛书的出版，对于推动生态系统碳汇功能的评价理论和方法研究，对于基于生态工程途径的增汇技术开发与应用，以及该领域的高级人才培养均具有重要意义。

　　值此付梓之际，有幸能为该丛书作序，一方面是表达对丛书出版的祝贺，对作者群体事业发展的赞许；另一方面也想表达我对重大生态工程及其在我国碳中和行动中潜在贡献的关切。

于贵瑞

中国科学院院士

中国科学院地理科学与资源研究所研究员

2022 年 11 月 20 日，于北京

前　言

　　长江、珠江流域防护林体系建设工程是我国正在实施的重大林业生态工程，被列为世界八大生态工程之一。作为我国首次为综合治理江河而实施的大规模生态工程，长江、珠江流域防护林体系建设工程对于生态环境安全、自然灾害抵御、社会经济可持续发展具有特别重要的意义，是一项功在当代、利在千秋的伟大事业。从 1989 年工程启动，目前已经顺利完成第一期工程（长江，1989 ~ 2000 年；珠江，1996 ~ 2000 年）和第二期工程（2001 ~ 2010 年）。工程区覆盖西藏、青海、甘肃、云南、贵州、四川、重庆、陕西、湖北、湖南、江西、河南、安徽、山东、江苏、浙江、上海、广东、广西 19 个省级行政区。虽然工程最初的规划和实施不是以提升生态系统碳汇功能为主要目的，但是随着防护林的生长发育，工程的碳汇效应将日益明显。评估长江、珠江流域防护林体系建设工程的碳汇效应及其增汇贡献，能为防护林经营管理、长江大保护及"碳达峰碳中和战略"行动的实施提供科技支撑。

　　由于长江、珠江流域防护林体系建设工程持续的时间长、工程覆盖范围广，如何科学地评估工程的固碳效应是学术界面临的一大难题。2011 年中国科学院启动了"应对气候变化的碳收支认证及相关问题"这一战略性先导科技专项。我们参考了国内外已有的研究方法，在综合利用全国森林资源清查资料、土壤普查资料、中国科学院战略性先导科技专项大规模野外调查采样数据的基础上，运用具有科学理论基础的方法，对工程的固碳量、固碳速率和固碳潜力进行了系统评估；并且在大量野外观测、实验的基础之上，对固碳过程和机理进行了探讨。此外，在野外考察调研中我们发现，虽然工程建设取得了显著成效，但也暴露出了一系列问题。这些问题将影响工程的可持续发展、影响防护林生态功能的发挥。我们对工程建设和管理中存在的问题进行了剖析、梳理、总结，并结合我们的考察和研究，提出了促进工程可持续发展的策略。因此，本书是为科学评估长江、珠江流域防护林体系建设工程固碳效应而进行的初次探索，本书所建立的方法体系以及相关结果能为未来的进一步研究提供参考。

全书由张全发研究员主持撰写并统稿。其中，第 1 章由张全发、张克荣执笔；第 2 章由张克荣执笔；第 3 章由张全发、舒枭执笔；第 4 章由张全发、逯非执笔；第 5 章由张全发、张克荣执笔；第 6 章由张全发、张克荣执笔；第 7 章由程晓莉执笔；第 8 章由张克荣执笔；第 9 章由张全发、舒枭执笔。

本书撰写过程中得到了中国科学院 A 类战略性先导科技专项课题"长江、珠江流域防护林建设工程固碳速率和潜力研究"（XDA05060500），国家自然科学基金重点项目"河流–水库–流域生态系统碳氮循环"（31130010）、"微生物驱动的河流生态系统氮循环过程及其耦合"（32030069）、"植被恢复对生态系统多功能性的影响及其机制"（32130069），国际（地区）合作研究与交流项目"河流生态系统结构和功能对流域土地利用和水体营养元素变化的响应"（31720103905），优秀青年科学基金项目"森林恢复"（31922060），面上项目"我国林农生态系统温室气体收支管理的净减排与可行性研究"（71874182），中国科学院青年创新促进会优秀会员项目（逯非、张克荣）等项目的支持，在此表示衷心感谢！

生态工程固碳效应评估所涉及的科学面广、问题复杂，具有极大的不确定性。鉴于科学问题的复杂性、数据资料的有限性以及作者能力的局限性，书中难免存在疏漏和不足之处，敬请读者不吝赐教！

作 者

2022 年 11 月

目　　录

丛书序一

丛书序二

丛书序三

前言

第1章　工程背景介绍 ·· 1

1.1　工程区概况 ··· 1

1.2　工程启动的原因与历程 ··· 3

1.3　工程范围及整体规划 ·· 8

第2章　工程实施情况 ··· 12

2.1　工程投资及营造林情况 ··· 12

2.2　工程成效 ·· 17

第3章　工程区森林植被碳储量动态 ··· 30

3.1　引言 ·· 30

3.2　材料和方法 ··· 31

3.3　结果分析 ·· 36

3.4　讨论 ·· 46

第4章　工程的固碳效应 ·· 48

4.1　引言 ·· 48

4.2　材料和方法 ··· 50

4.3　结果分析 ·· 56

4.4　讨论 ·· 60

第5章　工程固碳潜力 ··· 62

5.1　引言 ·· 62

5.2　材料和方法 ··· 63

5.3　结果分析 ·· 69

5.4　讨论 ……………………………………………………………… 73

第6章　防护林固碳动态及机制研究——以陕西佛坪金水河流域为例 ……… 77
　　6.1　引言 ………………………………………………………………… 77
　　6.2　材料和方法 ………………………………………………………… 78
　　6.3　结果分析 …………………………………………………………… 85
　　6.4　讨论 ………………………………………………………………… 96
　　6.5　小结 ……………………………………………………………… 101

第7章　防护林碳、氮循环过程研究——以湖北丹江口五龙池流域为例 …… 103
　　7.1　引言 ……………………………………………………………… 103
　　7.2　材料和方法 ……………………………………………………… 104
　　7.3　实验结果 ………………………………………………………… 109
　　7.4　讨论 ……………………………………………………………… 126

第8章　典型地区不同工程措施的比较研究 ………………………………… 128
　　8.1　引言 ……………………………………………………………… 128
　　8.2　材料和方法 ……………………………………………………… 129
　　8.3　结果分析 ………………………………………………………… 132
　　8.4　讨论 ……………………………………………………………… 138

第9章　工程可持续发展及增汇对策 ………………………………………… 140
　　9.1　工程建设和管理中存在的问题 ………………………………… 140
　　9.2　工程可持续发展策略 …………………………………………… 146
　　9.3　增汇对策 ………………………………………………………… 151

参考文献 ……………………………………………………………………… 157
附录1　长江中上游防护林体系建设一期工程县 …………………………… 172
附录2　长江流域防护林体系建设二期工程建设范围 ……………………… 174
附录3　珠江流域防护林体系建设二期工程规划范围 ……………………… 181
附录4　长江流域防护林体系建设三期规划建设分区 ……………………… 183

| 第1章 | 工程背景介绍

长江、珠江流域防护林体系建设工程是我国正在实施的重大林业生态工程，被列为世界八大生态工程之一。本章将从工程区概况、工程启动的原因与历程、工程范围及整体规划等方面对工程进行全面介绍。

1.1 工程区概况

1.1.1 长江流域

长江干流全长 6300 余千米，为亚洲第一长河和世界第三长河。长江干流发源于青藏高原东部各拉丹冬峰，穿越中国西南、中部、东部，流经青、藏、滇、川、渝、鄂、湘、赣、皖、苏、沪 11 个省级行政区，在上海崇明汇入东海。支流则流经黔、甘、陕、豫、桂、粤、浙、闽 8 个省级行政区。长江流域（东经 90°33′~122°25′，北纬 24°30′~35°45′）总面积为 180.85km²，约占中国陆地总面积的 18.8%。长江的众多支流中，流域面积超过 1 万 km² 的有 49 条；流域面积超过 1000km² 的达 437 条。主要支流有嘉陵江、汉江、岷江、雅砻江、湘江、沅江、乌江、赣江、资水和沱江等。长江流域湖泊星罗棋布，分布着洞庭湖、鄱阳湖、太湖、巢湖、梁子湖、洪湖等重要淡水湖泊，湖泊总面积达 15 200km²，约占全国湖泊总面积的 1/5。长江是中国水量最丰富的河流，水资源总量 9616 亿 m³，约占全国河流径流总量的 36%，为黄河的 20 倍。在世界仅次于赤道雨林地带的亚马孙河和刚果河（扎伊尔河），居第三位。

长江流域从河源到河口地跨高原高山气候、中亚热带和北亚热带气候区域，除金沙江源头通天河属大陆性暖温带高原高山气候外，其余均属季风性气候。长江上游的横断山区属亚热带季风高原高山气候，年平均气温多为 6~12℃。年降水量由南向北、由东向西逐步递减，靠四川盆地的青藏高原东缘山地，年降水量可达 1600~2000mm，而至金沙江源头的高原区，年降水量仅 400mm 左右。长江上游的川江、乌江流域以及长江中下游以南的区域属中亚热带季风气候，年平均气温为 16~18℃，年降水量 1000~1600mm，降水分布不均匀，湘西—鄂西山地以及九岭山地至安徽省黄山一带为主要暴雨区，也为年降水量高值区。长江中下游干流至淮河以南的区域属北亚热带气候，年平均气温为 14~16℃，年降水量多为 800~1000mm（国家林业局，2013）。

大约距今 200 万~300 万年前至 100 万年前的旧石器时代，长江流域就是早期人类生存和演化的重要地区之一。已发现的古人类化石中，早期、中期、晚期的都有发现。约 200 万年前，就已出现了在长江三峡一带活动的古人类，被称为"巫山人"。1965 年在云南省元谋县发现距今约 170 万年的元谋人（亦称元谋猿人），为早期猿人阶段的晚期。1988 年元谋县又出土了一具人猿超科头骨化石，距今约 300 万~400 万年。长江流域是中华文明的重要发祥地。河姆渡文化（距今 6000~7000 年之前）、良渚文化（距今 4500~5300 年）等人类文明表明，长江流域农耕文明历史悠久。尤其是经过汉末、晋末等几次大社会动荡后，中国北方人口大量南迁，将先进的农业生产工具和生产技术带到了南方，促进了长江流域的初步开发，为中国经济重心的南移奠定了基础。隋唐宋元时期，长江流域农业迅速发展，耕地面积不断扩大，耕作栽培技术也日趋成熟。到南宋以后，南方真正成为中国经济的重心（董恺忱和范楚玉，2000）。

长江流域 80% 以上土地面积适宜于人类生产生活。2005 年，全流域人口 4.4 亿，占全国的 30% 以上；国内生产总值 30 000 亿元，占全国的 35.5%。长江流域为中国农业主产区，耕地 20 多万平方千米；水稻产量约占全国的 70%，棉花产量约占全国的 33%，淡水鱼出产约占全国的 60%。因此，长江流域在我国国民经济和社会发展中具有重要的战略地位。

1.1.2 珠江流域

珠江是中国七大河流之一，是中国流量第二大的河流，径流总量仅次于长江，是黄河的 6 倍之多。珠江流域的水系，由西江、北江、东江、珠江三角洲诸河组成。干流西江发源于云南省东北部沾益县的马雄山，干流流经云南、贵州、广西、广东四省（自治区）及香港、澳门特别行政区，在广东省三水区与北江汇合，从珠江三角洲地区流入南海，西江干流长 2074km。北江源于湖南、湖北两省南部，长 582km；东江源于江西省南部，长 503km。北江和东江水系几乎全部在广东省境内。珠江流域（东经 102°14′~115°53′，北纬 21°31′~26°49′）在中国境内的流域总面积约 44.21 万 km²（另有 1.1 万余平方千米在越南境内），占全国陆地总面积的 4.6%。珠江流域属于热带、亚热带季风气候，多年平均温度在 14~22℃，多年平均年降水量 1525.1mm。4~9 月的降水都比较丰富。湿季降水过于集中，降水强度大，灾害性气候危害严重，河谷、平原易造成洪涝灾害，山地易形成水土流失。干季降水明显偏少，春旱突出，影响较大。流域内年径流量达 3412 亿 m³，其中西江年均径流量为 2670 亿 m³，约占流域总量的 80%，北江为 475 亿 m³，东江为 272 亿 m³。

珠江流域是我国国民经济和工农业生产的重要基地，也是我国西南经济区与珠江三角洲等我国南部沿海对外开放区的连接地带，经济地理位置十分重要（傅健全，1993）。珠江流域涉及云南、贵州、广西、广东、湖南、湖北 6 个省（自治区）和香港、澳门特别行政区，202 个县。2004 年总人口 9935 万人，占全国总人口的 7.7%，流域平均人口密度为 225 人/km²。流域内耕地面积 6652 万亩①，占全国耕地面积的 3.6%。2004 年全流域国内生产总值为 17 736 亿元，占全国国内生产总值的 13.0%。外贸出口总值约占全国外贸出口总值的 37.2%。

1.2 工程启动的原因与历程

1.2.1 长江流域防护林体系建设工程

由于开发时间早，经济发展、人口增长迅速，特别是人类对自然资源的过度攫取及不合理利用，引起了长江流域一系列严重的生态环境问题，主要集中在以下几个方面。

1）植被破坏严重

在唐代以前，长江流域森林茂密，上游森林覆盖率达 60%~85%，山清水秀。其后森林植被逐渐遭到人为破坏，20 世纪 60 年代初森林覆盖率下降到

---

① 1 亩≈666.7m²，下同。

10%，甚至有些地区山体已被"剃光头"（马宗晋，2000）。以四川省为例，据估算在元朝时森林覆盖率高达 50% 以上，至中华人民共和国成立初期森林覆盖率为 19% 左右（川西地区为 40%）。经过 20 世纪 50 年代末的破坏，60 年代初覆盖率降到 9%，有亿亩森林从四川省土地上消失（马联春，1982；王明忠，1983）。20 世纪六七十年代超指标采伐、乱砍滥伐、毁林种粮现象严重，四川省森林覆盖率急剧下降至 6.5%，川中森林基本砍光，川西地区也仅剩 14%（马宗晋，2000）。沱江、涪江、嘉陵江等几条主要支流流域的川中 53 个县，有半数县的森林覆盖率不到 3%，其中有 13 个县不到 1%（马宗晋，2000）。森林遭到严重破坏的情况同样发生在云南、贵州等省。根据三次全国森林资源清查，1984～1988 年云南省森林覆盖率为 24.4%，与中华人民共和国成立初期相比减少了一半左右，其中 20 多个县森林覆盖率下降到 10% 以下（马宗晋，2000）。贵州省1953 年以前森林覆盖率大于 20%，而 1984～1988 年清查结果显示森林覆盖率仅为 12.6%。十一届三中全会以后，中央相继出台了一些政策，如《关于大力开展植树造林绿化祖国的通知》（1979 年）、《中共中央关于加快农业发展若干问题的决定》（1979 年）、《中共中央国务院关于大力开展植树造林的指示》（1980年）、《中共中央国务院关于保护森林发展林业若干问题的决定》（1981 年）等以促进林业的健康发展（胡运宏和贺俊杰，2012）。但是在改革开放初期，随着木材市场逐步放开，在经济利益的驱动下，一些集体林区出现了对森林乱砍滥伐、偷盗林木等现象，甚至一些国有林场和自然保护区的林木也遭到哄抢（胡运宏和贺俊杰，2012）。根据第三次全国森林资源清查（1984～1988 年），与第二次清查（1977～1981 年）时期相比，南方集体林区活立木总蓄积量减少了18 558.68 万 m³，森林蓄积量减少了 15 942.46 万 m³（胡运宏和贺俊杰，2012）。虽然从整体上来讲，该时期森林覆盖率有所上升，但一些省份如贵州、湖南等的森林覆盖率仍呈现下降趋势。

2）水土流失加剧

长江中上游流域多是土层薄、蓄水含水能力低、土壤容易流失的坡地（马宗晋，2000）。随着森林的大面积消失和坡地垦荒，长江流域水土流失面积由 20 世纪 50 年代的 36 万 km²，增加到 80 年代的 56 万 km²，土壤侵蚀总量达到 22.4 亿 t，损失氮、磷、钾 2500 万 t（雷孝章和黄礼隆，1996）。长江流域土壤侵蚀总量超过了黄河流域的土壤侵蚀总量（马宗晋，2000）。四川省情况尤为严重，水土流失面积由 50 年代的 9 万 km²，增加到 80 年代的 34 万 km²，约占长江在四川省的流域面积的 64%。四川全省坡耕地每年流失土壤超过 5 亿 t。云南省的水土流失也十分严重，水土流失面积达 7 万 km²。水土流失不仅造成地力退化、石漠化加剧，还会造成泥沙淤积、河床抬高、河道变窄、湖泊面积与库容减小、蓄洪泄洪能力不断下降。根据长江干流宜昌水文站的资料，在 50 年代以前，每年携带到长江中下游的泥沙量为 5.22 亿 t，80 年代增加到 6.34 亿 t。水土流失导致洞庭湖泥沙淤积日趋严重，1949 年洞庭湖的面积为 4350km²，容积为 293 亿 m³；1992 年面积缩减至 2620km²，容积为 162 亿 m³（马宗晋，2000）。水土流失导致的石漠化面积扩大也是长江流域的突出问题。据乌江上游调查，流域石化面积每年以 5%～7% 的速度增加，乌江上游的石化面积已占该区域总面积的 15%～20%（雷孝章和黄礼隆，1996）。

　　3）自然灾害频发

　　洪涝、旱灾、泥石流已经成为长江流域的三大灾难，而且发生频率呈增加趋势，成灾范围不断扩大。自汉代至清代的 2000 余年间，长江洪水发生 200 多次，平均 10 年一次，特大洪水 20 年一次，1925～1985 年，平均 5 年发生一次（沙士发等，1986）。根据对长江中上游防护林体系建设一期工程 66 个县的统计分析，县平均自然灾害频率由 20 世纪 50 年代的 0.58 次增加到 80 年代的 0.81 次（雷孝章和黄礼隆，1996）。云南省在 1949 年前的 650 年间，洪灾的频率为平均 16 年一次，1949 年以后平均 3 年便发生一次。湖北省 1643～1948 年 300 多年间，发生大水灾 20 次，平均 15.3 年一次，1950～1983 年发生大水灾 5 次，平均 6.8 年一次。四川省 50 年代发生水灾 4 次，70 年代 8 次，80 年代则基本年年发生（马宗晋，2000）。特别是 1981 年，四川省、陕西省发生了历史上罕见的特大洪灾。据四川省统计，全省 138 个县（市、区）受灾，受灾人口达 2000 万；57 个县城、776 个场镇、237 万多间房屋被淹；147 万亩耕地被冲毁，1756 万亩农作物受灾，影响粮食产量 30 多亿斤[①]；3000 多个企业停产，许多工程设施被毁。四川全省直接经济损失达 25 亿元以上（王明忠，1983；当年价）。干旱与泥石流灾害也日趋严重，如四川省 50 年代发生严重干旱 2 次，60 年代增加到 6 次，70 年代增加到 8 次。30 年代四川省仅有 14 个县发生泥石流，五六十年代扩大到 76 个县，70 年代扩大到 109 个县，而 1981 年则多达 135 个县（马宗晋，2000）。

---

　　① 1 斤 = 500g，下同。

面对长江流域日益严峻的生态环境问题，特别是给人民生命财产和国家经济发展造成巨大损失的自然灾害，许多专家学者开展了调查研究和反思，提出了恢复植被、保护长江的倡议（马联春，1982；张利铭，1982；燕征和周天佑，1982）。何迺维甚至发出"长江有变成第二黄河的危险"的警告。何迺维的调查报告《论长江有变成第二黄河的危险》首先刊登在中国社会科学院的《要报》上，原国家科委负责人于光远看到后，责成中国林学会组织专家学者开会讨论这篇调查报告。林业专家经过讨论同意何迺维的分析和结论，于是《光明日报》刊发了何迺维撰写的《长江会变成第二黄河吗?》一文（李成刚，2014）。该文一经刊出即引发了全国性的大讨论，专家、学者围绕着"长江有没有可能变成'黄河'的危险"这一重大问题展开了热烈的讨论，同时该问题也引起全国人民深切的注意，党中央特为此邀请了有关的专家、学者听取意见（李世菊，1981）。有专家认为长江不会变成第二条黄河，也有专家提出"长江潜伏的危险比黄河还严重"。正反双方争论激烈，但由于问题本身的复杂性，一时难以得出一致的结论。不过"长江有变成第二黄河的危险"的提出与讨论，引起了党和政府的高度关注。中国林学会组织专家赴长江上游林区进行考察，有几位林业专家在《人民日报》发表文章，提出"长江潜伏的危险比黄河还严重"（李成刚，2014）。

党中央和政府逐渐认识到长江流域生态环境问题的严重性与森林恢复的重要性。特别是针对1981年长江流域特大洪灾，邓小平同志对万里同志说："最近的洪灾涉及林业，涉及木材的过量砍伐。看来中国的林业要上去，不采取一些有力措施不行。"（胡运宏和贺俊杰，2012）1985年年底，全国政协组织专家、学者在长江中上游调查后，认为"长江保护不好，其后果可能比黄河更严重"（马宗晋，2000）。长江流域的严重自然灾害以及"长江有没有可能变成'黄河'的危险"的大讨论，促成了"长江中上游防护林体系建设一期工程"的立项和实施。1986年4月在全国人大六届四次会议通过的《国民经济和社会发展第七个五年计划》中，明确提出要"积极营造长江中上游水源涵养林和水土保持林"。为改善长江流域生态环境，提升抵御自然灾害能力，原林业部组织编制了《长江中上游防护林体系建设一期工程总体规划》（温雅莉和刘道平，2013）。1989年6月，国家计委批准了该规划，长江流域防护林体系建设工程正式启动。

1.2.2 珠江流域防护林体系建设工程

由于水热条件好，珠江流域历史上植被茂密，森林资源丰富。但是由于长期的毁林开荒、乱砍滥伐，使流域内森林资源大量减少。例如，贵州省黔西南布依族苗族自治州，1975 年清查时森林覆盖率仅为 11.85%，比中华人民共和国成立初期下降一半，1985 年清查时更是降低至 8.74%，全州有 4 个县接近无林县。六盘水市的盘州，20 世纪 50 年代森林覆盖率为 20%，1985 年只有 5.34%。云南省曲靖地区森林覆盖率由 50 年代的 50% 下降到 80 年代的 19.4%（傅健全，1993）。

森林植被的减少和质量的下降以及不合理的耕作，导致生态环境恶化，水土流失严重且不断加剧。据统计，20 世纪 50 年代珠江流域水土流失面积为 400 多万公顷，到 90 年代初，水土流失面积增加到 768 万 hm^2，占流域总面积的 19%，年土壤侵蚀量达 4.6 亿 t，相当于一年失掉 30cm 厚耕地约 11 万 hm^2，损失氮、磷、钾约 500 万 t（傅健全，1993）。水土流失不仅对上游地区的生态环境、农业生产造成直接危害，而且影响到中下游的防洪安全、通航及水资源综合利用。水土流失造成珠江流域土地石漠化、耕地退化，增加了致富难度。据统计，珠江上游喀斯特地区土地石漠化面积（含半石漠化）已达 3.99 万 km^2，占其土地总面积的 16.3%，而且石漠化范围正逐步扩大，在广西壮族自治区、贵州省，每年约以 6600hm^2 的速度增加。同时，水土流失造成水库、湖泊泥沙淤积，抬高河床，降低了塘、库、渠道等水利工程效益，增加了洪、旱、涝等灾害的发生。据容县、苍梧等 5 个县的调查，水土流失造成河流泥沙淤积长达 1240km，占总河流长度的 40%（傅健全，1993）。

珠江流域的洪灾、旱灾、泥石流等自然灾害频繁发生，且强度不断加剧，给人民生命财产造成巨大损失。1959 年东江大洪水，1968 年和 1994 年的西、北江大洪水，1982 年的北江大洪水，1996 年的柳江大洪水，1998 年的西江大洪水等，受灾人口均超过 100 万人，其中 1994 年 6 月的大洪水，广东、广西受灾人口约 1800 万，直接经济损失高达 280 多亿元（毛革，2007）。广西 20 世纪 80 年代至 90 年代初基本年年发生旱灾，且灾情不断加剧。例如，1988 年 3 ~ 7 月，65 个县（市）发生旱灾，11 400 多条溪水断流，6 万多处山塘、水库基本干涸，受旱作物面积达 260 万 hm^2，成灾面积 100 万 hm^2，失收面积 26 万 hm^2，430 万人、617

万头牲畜饮水困难。干旱的发生与森林的急剧下降有关。例如，云南省丘北县森林覆盖率由20世纪50年代的68%下降到90年代初的20%，与之相对应的是，全县16条大河中15条流量锐减，118条小河中有57条干季断流（傅健全，1993）。

1991年淮河太湖流域部分地区遭受严重洪灾之后，中央领导多次指出：加快大江大河大湖综合治理，要把治理下游同治理上游、水利建设同林草发展有机结合起来，切实保护和扩大植被、防止水土流失、增加森林覆盖率，不断改善生态环境（傅健全，1993）。珠江流域生态环境状况的日益恶化及自然灾害的频繁发生引起了党和国家的高度重视。1993年国务院发出《关于珠江流域综合规划的通知》，启动了珠江流域综合治理工作。九届人大四次会议通过的《国民经济和社会发展的第十个五年计划纲要》中，又提出要继续加强珠江流域重点防护林体系建设、推进岩溶地区石漠化综合治理。1994年华南特大水灾及其引起的特大灾害，促使了珠江流域防护林体系建设工程的实施。根据党中央关于"大灾之后，在兴修水利时要实行综合治理"的指示，为了加快珠江流域的生态建设，原林业部编制了《珠江流域综合治理防护林体系建设工程总体规划（1993～2000年)》。1995年，国家计委批复了该规划。1996年林业部启动实施了珠江流域防护林体系一期工程建设。2001年国家林业局实施了珠江流域防护林体系二期工程建设。

1.3　工程范围及整体规划

1.3.1　长江流域防护林体系建设工程

长江流域防护林体系建设工程是中国为综合治理江河而首次实施的大规模林业生态工程，该工程关系到长江流域生态环境和社会经济的可持续发展，对整个长江流域的国土安危具有特别重要的意义。根据《长江中上游防护林体系建设一期工程总体规划》，工程建设的重点主要是恢复植被，规划至2000年新增森林面积667万 hm^2，并计划用30～40年，在保护好现有森林植被基础上，大力植树造林，增加森林面积2000万 hm^2。

长江流域防护林体系建设一期工程在长江中上游地区的12个省（自治区、

直辖市）271 个县（市、区）全面实施，工程区总土地面积 160 万 km²（温雅莉和刘道平，2013）。在 20 世纪 90 年代初三峡工程即将上马之际，林业部对长江流域防护林体系建设工程建设格局进行了调查，以推进三峡工程绿色屏障建设，划定了长江流域防护林体系建设工程十大重点区域：三峡库区、金沙江两岸云贵高原、川中地区、嘉陵江上游地区、丹江库区汉水上游、湘鄂西地区、湘南地区、赣东北地区、赣中南地区、皖西南地区。林业部还确定在工程区域内建立十大林业基地，包括以滇东北地区为中心的核桃干果基地，以三峡地区为中心的脐橙基地带，以川中地区为中心的蚕桑蓑草基地，以南阳、西峡地区为中心的猕猴桃基地，以甘肃省陇南地区为中心的花椒、苹果基地，以秦巴山为中心的"三木"、五倍子药材基地，以湘鄂为中心的木本粮食、化工原料基地，以赣中地区为中心的松脂、柿树化工原料基地，以赣南地区为中心的用材、柚子、酸枣基地等（洪山，1993）。

21 世纪初，国家批复并实施了《长江流域防护林体系建设二期工程规划（2001～2010 年）》。工程建设区域包括长江、淮河、钱塘江流域的汇水区域，涉及青海、西藏、甘肃、四川、云南、贵州、重庆、陕西、湖北、湖南、江西、安徽、河南、山东、江苏、浙江、上海 17 个省（自治区、直辖市）的 1033 个县（市、区），总面积 216.15 万 km²，占全国陆地面积的 22.5%。长江流域防护林体系建设二期工程以增加森林资源、优化体系结构和增强体系功能为重点，以全面改善长江、淮河流域生态环境，促进社会经济可持续发展为目标。二期工程规划营造林 687.72 万 hm²，其中人工造林 313.24 万 hm²、封山育林 348.03 万 hm²、飞播造林 26.45 万 hm²。规划低效防护林改造 629.13 万 hm²。长江流域防护林体系建设二期工程将工程区划分为 16 个治理区：江源高原高山生态保护水源涵养区、秦巴山地水土保持治理区、四川盆地低山丘陵水土保持治理区、攀西滇北山地水土保持治理区、乌江流域石质山地水土保持治理区、三峡库区水土保持库岸防治区、沂蒙山地丘陵水土保持治理区、黄淮平原水保堤岸防治区、伏牛山武当山水涵区、大别山桐柏山江淮丘陵水土保持治理区、长江中下游湖滨堤岸防治区、雪峰山武陵山山地水源涵养治理区、幕阜山山地水土保持治理区、天目山地丘陵水土保持治理区、湘赣浙丘陵水土保持治理区、南岭山地水源涵养治理区。

《长江流域防护林体系建设三期工程规划》从 2011 年开始，建设期 10 年，分 2011～2015 年、2016～2020 年两个阶段。三期规划以《中共中央国务院关于加快林业发展的决定》等相关文件精神为指导，按照发展现代林业、建设生态文明、推动科学发展的基本要求，继续坚持以生态建设为主的基本思路，在巩固前期工程建设成果的基础上，统筹规划，突出重点，分区施策，以增加森林面积、提高森林质量、增强生态功能为主攻方向，以增强森林水源涵养功能、防治水土流失和构建两湖一库防护林体系为重点，以体制、机制和科技创新为动力，加快构筑结构稳定、功能完备的长江流域生态屏障（国家林业局，2013）。

长江流域防护林体系建设三期工程从 2011 年实施，规划通过 10 年建设达到以下目标（国家林业局，2013）。

（1）构建较为完善的生态防护林体系。通过人工造林、封山育林、飞播造林、低效林改造等技术措施，结合天然林资源保护、退耕还林等工程，建成以各类防护林为主体、农田林网及绿色通道为网络、城镇绿屏为节点的生态防护林体系，着力提高流域水土保持、水源涵养、防灾减灾等生态功能。到 2020 年，工程区增加森林面积 379.26 万 hm^2，森林覆盖率达到 39.3%。

（2）建成我国最重要的生物多样性富集区。不断提高林分质量，完善森林生态系统结构和功能，建设健康稳定的森林生态系统。森林类型多样性指数逐步提高，并维持在一个较高水平。

（3）建成我国重要的森林资源储备库。通过加强现有低效林改造，提高林地生产力和森林蓄积量，建设以珍贵树种资源、大径级用材资源、生物质能源和种质资源为主要内容的森林资源储备库。到 2020 年，工程区完成低效林改造面积 906.2 万 hm^2。

（4）构建我国应对气候变化的关键区域。按照森林可持续经营理论和森林生态系统经营原理，不断提高森林植被固碳能力，建成我国森林碳汇的关键区域，发挥林业在应对气候变化方面的特殊作用。

1.3.2 珠江流域防护林体系建设工程

为增加流域森林植被，有效治理石漠化和水土流失，增强抵御旱涝等灾害能力，加快区域生态建设，先后编制并组织实施了《珠江流域综合治理防护林体系建设工程总体规划（1993～2000年）》《珠江流域防护林体系建设工程二期规划（2001～2010年）》。珠江流域防护林体系建设一期规划中，工程区仅涉及 56 个县。一期工程建设规模为国家计委批复的 120 万 hm^2，由于批复时间晚，原建设时间向后延退，但工程"九五"期间仍按原计划的 57.9 万 hm^2 的规模建设，其中人工造林 30.5 万 hm²、飞播造林 5.7 万 hm²、封山育林 21.7 万 hm²。考虑到 1993~1995 年工程已自我启动，并完成了营造林 20 万 hm²，因此"九五"期间，工程建设新增 20 万 hm² 低效林改造任务（许传德，1996）。根据《珠江流域防护林体系建设工程二期规划（2001~2010 年）》，二期工程的工程区增加到包括珠江流域的江西、湖南、云南、贵州、广西和广东 6 个省（自治区）的 187 个县（市、区）。规划造林 227.87 万 hm²，其中人工造林 87.5 万 hm²、封山育林 137.2 万 hm²、飞播造林 3.1 万 hm²。规划低效防护林改造 99.76 万 hm²。

根据《国民经济和社会发展第十二个五年规划纲要》和《林业发展"十二五"规划》关于生态建设的总体部署，原国家林业局在前两期建设的基础上，又组织编制、实施了《珠江流域防护林体系建设工程三期规划（2011~2020 年）》，将工程建设范围扩大到 6 个省（自治区）37 个市（州）215 个县（市、区），土地面积达 4166.7 万 hm²，分为五大治理区 8 个重点建设区域，重点加强水土流失和石漠化的治理，并在保护现有植被的基础上，加快营林步伐，提高林分质量，增强森林保土蓄水功能。五大治理区分别为：南、北盘江流域水源涵养、水土流失及石漠化治理区，左、右江流域水土流失及石漠化治理区，红水河流域水源涵养、水土流失及石漠化治理区，珠江中下游水土流失治理区，东、北江流域水源涵养、水土流失治理区。规划建设任务为 392.6 万 hm²，其中人工造林 94.9 万 hm²、封山育林 166.6 万 hm²、低效林改造 131.1 万 hm²。到 2020 年，工程区新增森林面积 153 万 hm²，森林覆盖率提高到 60.5% 以上；森林蓄积由 8.9 亿 m³ 提高到 9.2 亿 m³；低效林得到有效改造，林种、树种结构进一步优化，各类防护林面积由 1026.7 万 hm² 增加到 1248.8 万 hm²，森林保持水土、涵养水源、防御洪灾、泥石流等自然灾害的能力显著增强，水域水质有所提升，有效保证了珠江流域特别是香港、澳门特别行政区的饮用水安全。

第 2 章 | 工程实施情况

从 1989 年启动至今，长江、珠江流域防护林体系建设工程已经顺利完成了第一期、第二期工程。本章将从工程投资及营造林情况、工程成效等方面介绍工程的实施情况。

2.1 工程投资及营造林情况

根据《中国林业统计年鉴》（1989~2010 年）统计的数据，长江流域防护林体系建设工程的一期工程实际完成投资 212 579 万元，其中国家投资 87 725 万元；二期工程实际完成投资 527 013 万元，其中国家投资 195 163 万元。珠江流域防护林体系建设工程的一期工程实际完成投资 59 345 万元，其中国家投资 11 665 万元；二期工程实际完成投资 131 177 万元，其中国家投资 82 898 万元（表 2-1）。

表 2-1　长江、珠江流域防护林体系建设工程历年投资情况

年份	长江流域防护林体系建设工程		珠江流域防护林体系建设工程	
	实际完成投资 /万元	其中国家投资 /万元	实际完成投资 /万元	其中国家投资 /万元
1989	1 167	427		
1990	6 676	2 616		
1991	7 747	3 205		
1992	10 342	3 608		
1993	15 112	5 283		
1994	18 587	6 535		
1995	18 308	5 474		
1996	23 114	7 455		
1997	21 095	7 196	16 430	502

年份	长江流域防护林体系建设工程		珠江流域防护林体系建设工程	
	实际完成投资 /万元	其中国家投资 /万元	实际完成投资 /万元	其中国家投资 /万元
1998	27 774	11 154	12 060	1 557
1999	31 384	16 345	16 463	2 775
2000	31 273	18 427	14 392	6 831
2001	53 406	22 736	10 678	6 499
2002	45 837	27 942	17 657	15 481
2003	41 442	27 758	13 136	11 083
2004	109 028	26 017	11 922	9 797
2005	53 607	12 808	9 134	7 039
2006	24 386	8 262	6 509	4 647
2007	13 912	9 964	3 994	2 811
2008	34 916	13 119	7 142	4 043
2009	101 057	27 000	23 828	8 979
2010	49 422	19 557	27 177	12 519

注：统计的原始数据来源于历年《中国林业统计年鉴》

长江流域防护林体系建设工程启动的第一年，即 1989 年完成造林 4.573 万 hm^2。1990～1995 年，人工造林 291.804 万 hm^2，飞播造林 33.901 万 hm^2，封山育林 241.428 万 hm^2（表 2-2）。防护林、用材林、经济林、薪炭林、特种用途林的比例分别为 40.0%、30.7%、23.8%、5.3%、0.2%。四川省的人工造林面积最大，达 66.792 万 hm^2。其次为陕西、江西、云南、湖北、湖南、贵州等省份（原始数据来源于历年《中国林业统计年鉴》）。

表 2-2　1990～1995 年长江、珠江流域防护林体系建设工程营造林面积

（单位：$10^3 hm^2$）

省份	各工程措施面积			各林种面积				
	人工造林	飞播造林	封山育林	用材林	经济林	防护林	薪炭林	特种用途林
安徽	16.24	0	18.49	3.10	10.94	2.20	0	0
甘肃	151.53	23.42	95.32	43.43	45.14	66.99	15.59	3.80
贵州	176.06	3.40	211.29	61.69	56.85	112.12	1.67	0.02
河南	83.38	27.39	90.44	41.98	36.35	30.35	2.09	0

续表

省份	各工程措施面积			各林种面积				
	人工造林	飞播造林	封山育林	用材林	经济林	防护林	薪炭林	特种用途林
湖北	347.30	7.60	313.31	92.73	104.55	152.75	4.86	0.01
湖南	260.04	0	165.00	121.46	45.09	89.31	4.17	0
江西	399.35	152.15	619.23	183.69	60.85	222.59	83.28	1.08
青海	2.89	0	79.30	0.55	0	2.34	0	0
陕西	446.09	109.37	186.94	234.65	194.67	85.83	39.78	0.53
四川	667.92	15.68	362.66	163.73	142.15	359.72	16.61	1.38
云南	367.24	0	272.30	68.21	89.92	199.87	9.17	0.07
合计	2918.04	339.01	2414.28	1015.22	786.51	1324.07	177.22	6.89

注：统计的原始数据来源于历年《中国林业统计年鉴》

1996 ~ 2000 年，长江、珠江流域防护林体系建设工程完成人工造林 186.528 万 hm^2，飞播造林 22.816 万 hm^2，封山育林 228.295 万 hm^2（表 2-3）。防护林、用材林、经济林、薪炭林、特种用途林的比例分别为 31.1%、31.6%、33.7%、3.5%、0.1%。陕西省、四川省、云南省、湖北省的人工造林面积均超过 20 万 hm^2（原始数据来源于历年《中国林业统计年鉴》）。

表 2-3 1996 ~ 2000 年长江、珠江流域防护林体系建设工程营造林面积

（单位：$10^3 hm^2$）

省份	各工程措施面积			各林种面积				
	人工造林	飞播造林	封山育林	用材林	经济林	防护林	薪炭林	特种用途林
安徽	26.82	0	36.13	7.70	8.86	10.03	0.00	0.23
甘肃	115.47	21.54	83.57	31.14	50.07	34.97	20.75	0.09
广东	10.98	0	9.79	15.56	2.01	4.21	0	0
广西	49.18	11.85	81.42	65.72	29.53	21.31	1.17	0.14
贵州	176.78	12.42	198.87	59.24	53.23	82.39	6.01	0.04
河南	76.23	14.17	47.24	26.41	22.87	40.20	0.92	0
湖北	215.52	0	432.55	53.49	120.87	40.42	0.75	0
湖南	62.58	0	85.27	26.52	12.28	23.72	0.05	0.01
江西	67.27	18.15	306.98	27.02	22.75	34.40	1.11	0.14

续表

省份	各工程措施面积			各林种面积				
	人工造林	飞播造林	封山育林	用材林	经济林	防护林	薪炭林	特种用途林
青海	3.55	0	114.89	0.70	0	2.67	0.18	0
陕西	349.99	82.97	235.28	172.03	187.64	45.90	27.38	0.01
四川	320.76	38.47	241.19	110.28	97.66	149.03	2.10	0.16
云南	220.89	10.51	266.59	51.13	56.00	110.53	13.49	1.74
重庆	169.26	18.08	143.18	40.32	69.29	75.96	1.73	0.04
合计	1865.28	228.16	2282.95	687.26	733.05	675.74	75.64	2.60

注：统计的原始数据来源于历年《中国林业统计年鉴》

2001~2005 年，长江、珠江流域防护林体系建设工程完成人工造林 73.309 万 hm^2，飞播造林 0.845 万 hm^2，封山育林 79.092 万 hm^2（表2-4）。防护林、用材林、经济林、薪炭林、特种用途林的比例分别为 73.6%、10.7%、14.9%、0.7%、0.1%。总的营造林面积有所下降，但所营造的工程林中，防护林的比例大幅度上升。人工造林面积较大的省份为山东、河南、湖北、贵州、云南等（原始数据来源于历年《中国林业统计年鉴》）。

表 2-4 2001~2005 年长江、珠江流域防护林体系建设工程营造林面积

（单位：$10^3\,hm^2$）

省份	各工程措施面积			各林种面积				
	人工造林	飞播造林	封山育林	用材林	经济林	防护林	薪炭林	特种用途林
安徽	67.18	0	31.73	2.88	11.12	52.94	0.25	0
甘肃	12.76	0	0	0	0	0.20	0	0
广东	15.22	0	22.12	1.42	0	13.80	0	0
广西	44.66	0	88.91	10.82	4.92	28.90	0.02	0.01
贵州	70.85	0	94.37	4.89	5.10	60.74	0.06	0.06
河南	89.30	6.32	35.04	14.34	14.42	66.46	0.40	0
湖北	86.13	1.60	90.56	14.13	7.43	65.97	0.07	0.13
湖南	26.42	0	61.73	4.02	2.34	32.76	0	0.06
江苏	53.02	0	1.07	1.18	0.62	51.13	0	0.09
江西	35.07	0	102.67	4.02	1.45	29.25	0.35	0

续表

省份	各工程措施面积			各林种面积				
	人工造林	飞播造林	封山育林	用材林	经济林	防护林	薪炭林	特种用途林
山东	111.64	0.51	18.83	18.03	57.84	35.89	0.07	0.31
陕西	0.18	0.02	0	0.02	0.02	0.16	0	0
上海	2.39	0	0	0.08	0.13	2.18	0	0
西藏	34.44	0	0	0	0	34.44	0	0
云南	55.71	0	22.18	1.89	1.49	48.48	3.85	0
浙江	28.12	0	221.71	1.43	3.64	22.92	0	0.14
合计	733.09	8.45	790.92	79.15	110.52	546.22	5.07	0.80

注：统计的原始数据来源于历年《中国林业统计年鉴》

2006~2010 年，长江、珠江流域防护林体系建设工程完成人工造林 59.462 万 hm²，封山育林 20.574 万 hm²（表 2-5）。新营造的工程林中，绝大部分为防护林，面积比例达 87.7%，用材林、薪炭林的面积比例分别为 8.7%、3.5%。江西、湖北、河南、湖南、安徽等省份人工造林较多（原始数据来源于历年《中国林业统计年鉴》）。

表 2-5　2006~2010 年长江、珠江流域防护林体系建设工程营造林面积

（单位：$10^3 hm^2$）

省份	各工程措施面积			各林种面积				
	人工造林	飞播造林	封山育林	用材林	经济林	防护林	薪炭林	特种用途林
安徽	56.39	0	20.16	8.55	4.79	61.19	0.45	0
广东	15.21	0	2.33	0.00	0.66	16.80	0	0.08
广西	29.18	0	9.39	17.91	0.60	19.36	0	0
贵州	51.07	0	54.29	5.32	6.03	77.98	0	0
河南	68.41	0	16.81	4.88	2.17	77.78	0	0
湖北	76.70	0	4.12	6.25	0.29	74.26	0.03	0
湖南	67.54	0	47.50	4.81	4.18	92.14	0	0
江苏	35.98	0	1.02	2.12	0.45	34.43	0	0
江西	70.45	0	20.51	13.51	0.53	75.47	0	0.08
山东	46.57	0	2.20	0.22	0.46	48.08	0	0
陕西	8.70	0	10.70	0.75	3.14	14.12	0	0

省份	各工程措施面积			各林种面积				
	人工造林	飞播造林	封山育林	用材林	经济林	防护林	薪炭林	特种用途林
上海	1.38	0	0	0	0.30	1.09	0	0
西藏	20.40	0	10.00	0	0	20.40	0	0
云南	40.38	0	4.83	0.73	2.83	41.60	0	0
浙江	6.26	0	1.88	0.34	0.20	7.19	0	0
合计	594.62	0	205.74	65.39	26.63	661.89	0.48	0.16

注：统计的原始数据来源于历年《中国林业统计年鉴》

根据《长江流域防护林体系建设工程二期规划（2001～2010 年)》与《珠江流域防护林体系建设工程二期规划（2001～2010 年)》，长江流域防护林体系建设工程二期规划营造林 687.72 万 hm²，其中人工造林 313.24 万 hm²、封山育林 348.03 万 hm²、飞播造林 26.45 万 hm²。珠江流域防护林体系建设工程规划造林 227.87 万 hm²，其中人工造林 87.5 万 hm²、封山育林 137.2 万 hm²、飞播造林 3.1 万 hm²。但是从历年《中国林业统计年鉴》的统计资料来看，2001～2010 年，长江、珠江流域二期工程人工造林仅 132.77 万 hm²，飞播造林 0.845 万 hm²，封山育林 99.663 万 hm²。人工造林、飞播造林、封山育林的实际面积分别只有规划面积的 33.1%、2.8%、20.5%。例如，四川省，虽然在二期工程有营林造林规划，但实际上并未实施。陕西省的汉中、安康、商洛、宝鸡 4 个市 30 个县虽然列入长江流域防护林体系建设二期工程总体规划中，但截至 2010 年底，国家仅安排了人工造林 1.04 万 hm²、封山育林 1.24 万 hm²，陕西省长江流域防护林体系建设工程二期规划的投资基本没有到位（晏健钧和晏艺翡，2013）。长江、珠江流域二期工程实际营造林面积缩减的主要原因是投资不足、物价上涨、造林成本提高、剩余未造林地的造林难度大。

2.2 工程成效

长江、珠江流域防护林体系建设工程不仅构筑了工程地区防护林体系的基本骨架，而且有力地推动了全流域造林绿化事业的发展，促进了流域经济的发展和社会稳定，在生态、经济、社会等方面取得了明显的成效（国家林业局，2013）。

2.2.1 森林恢复效果明显，生态效益逐渐显现

通过长江、珠江流域防护林体系建设工程，工程区的森林植被得到了较快恢复。根据第三次森林资源清查（1984~1988年）与第七次森林资源清查（2004~2008年）结果，工程区涉及的各省份森林覆盖率显著提高（表2-6）。广西、云南、江西、广东、贵州等省（自治区）的森林覆盖率上升最快，分别为由22%上升至（52.71+30.71）%、24.4%上升至（47.5+23.1）%、35.9%上升至（58.32+22.42）%、27.3%上升至（49.44+22.14）%、12.6%上升至（31.61+19.01）%。青海省、甘肃省的森林覆盖率上升较慢，分别由0.4%上升至（4.57+4.17）%、4.5%上升至（10.42+5.92）%。工程区森林面积大幅增加，工程区森林覆盖率由第四次森林清查时期（1989~1993年）的20.69%上升至第七次森林清查时期（2004~2008年）的32.21%。

表2-6 工程实施以来工程区各省（自治区、直辖市）的森林覆盖率变化

（单位:%）

省（自治区、直辖市）	第三次清查（1984~1988年）	第四次清查（1989~1993年）	第五次清查（1994~1998年）	第六次清查（1999~2003年）	第七次清查（2004~2008年）
安徽	16.4	16.3	23	24	26.06
甘肃	4.5	4.3	4.8	6.7	10.42
广东	27.3	36.8	45.8	46.5	49.44
广西	22	25.3	34.4	41.4	52.71
贵州	12.6	14.8	20.8	23.8	31.61
河南	9.4	10.5	12.5	16.2	20.16
湖北	20.7	21.3	26	26.8	31.14
湖南	31.9	32.8	38.9	40.6	44.76
江苏	3.8	4	4.5	7.5	10.48
江西	35.9	40.4	53.4	55.9	58.32
青海	0.4	1.5	0.4	4.4	4.57
山东	10.5	10.7	12.6	13.4	16.72
陕西	22.9	24.2	28.7	32.6	37.26

续表

省（自治区、直辖市）	第三次清查（1984~1988 年）	第四次清查（1989~1993 年）	第五次清查（1994~1998 年）	第六次清查（1999~2003 年）	第七次清查（2004~2008 年）
上海	1.5	2.5	3.7	3.2	9.41
四川	19.2	20.4	23.5	30.3	34.31
西藏	5.1	5.8	5.9	11.3	11.91
云南	24.4	24.6	33.6	40.8	47.5
浙江	39.7	43	50.8	54.4	57.41
重庆	—	—	—	22.3	34.85
全国	13	13.9	16.6	18.2	20.36

注：数据来源于全国森林清查资料

随着森林植被恢复，森林在涵养水源、保持水土、调节径流等方面的防护功能有了较大的提高。原国家林业局估算，通过长江流域防护林体系一期工程建设，项目区减少土壤侵蚀量 4.07 亿 t/a，通过长江流域防护林体系二期工程建设，项目区减少土壤侵蚀量 2.29 亿 t/a（国家林业局，2013）。

四川省是长江流域防护林体系建设工程试点最早启动的地区，也是长江流域防护林体系建设工程重点建设的省份。在 1990~1999 年，每年长江流域防护林体系建设工程完成的造林面积均占全省造林面积的 1/3 以上。至 2008 年，四川省森林蓄积量达 161 170.3 万 m^3，与工程实施前相比增加 27.79%。据估计，四川省长江流域防护林年减少土壤侵蚀量 1399.38 万 t，减少土壤有机质和 N、P、K 流失 157.23 万 t，年涵养水源量达 51.35 亿 t（代玉波，2011）。从四川省简阳县清水河小流域、平武宽坝、广元碗厂沟小流域、西充洋溪河小流域设立的长江流域防护林定位研究观测站的监测结果来看，新营造防护林在造林 5 年后即具有明显的生态效益：观测结果显示，林冠截留系数可达 19%，地表径流系数比荒地减小 10%~19%，土壤蓄水能力比荒地提高 90%。造林第三年产沙量减少至造林前的 0.3~0.9，第五年时仅为造林前的 0.1~0.3（史立新等，1997）。黄礼隆和唐光（2000）采用定位、半定位和调查的方法对川中丘陵区防护林进行研究，结果表明，该地区一期防护林体系建成后，森林覆盖率由 8%~12% 上升到 24.7%~39.9%，坡面地表径流量减少约 62%，侵蚀模数减少 43.9%~54.7%，土壤蓄水量每平方千米增加 22 236.1 m^3。

青海省的长江流域防护林体系建设工程坚持以封山育林为主，人工造林为辅。据统计，该省 1990～1998 年共完成封山育林 14.67 万 hm^2，人工造林 0.49 万 hm^2，完成规划任务的119%。长江流域防护林体系建设工程一期建设完成后，青海省境内的长江流域森林覆盖率由 2.1% 提高到 2.5%，主要的工程建设区森林覆盖率提高显著。例如，玉树市的森林覆盖率由 15.6% 提高到 18.4%、班玛县的森林覆盖率由 19.4% 提高到 22.8%。部分地区的水土流失初步得到遏制，如玉树县孟宗沟流域以前泥石流发生频繁，水土流失严重。长江流域防护林体系建设工程启动后，当地通过采取以生物措施为主与工程措施相结合的治理措施，围栏造林 68.1hm^2，种草 86.7hm^2，逐步形成了综合防治体系，有效减少了泥石流和水土流失（张学元和李春风，2001）。

云南省滇中高原山地长江流域防护林体系建设一期工程完成后，土壤侵蚀模数随森林覆盖率的增加而减少，据观测，当流域森林覆盖率由 18.6% 上升到 42.4% 时，土壤侵蚀模数减少 36%。特别是坡地造林能明显减少地表径流，观测结果显示地表径流减少 79.44%～96.9%，泥沙削减 87.8%～99.9%（孟广涛等，2001）。对金沙江上游头塘小流域所建防护林的监测结果表明，一期防护林营建完成后，土壤侵蚀模数由 1831t/（$km^2 \cdot a$）下降到 1165t/（$km^2 \cdot a$）（孟广涛等，1998）。云南省宣威市从 1991 年开始实施长江流域防护林体系建设工程，经过 10 年建设，该市完成新造林面积 1.1 万 hm^2，封山育林 1 万 hm^2，工程建成后新增有林地每年的保土量约为 7.93 万 t（李燕芬，2004）。

甘肃省的长江流域防护林体系建设工程从 1989 年启动，共有 11 个县进入一期工程建设范围。经过 7 年建设，共营造林 465.8 万亩，其中人工植苗造林 313.8 万亩、飞播造林 39 万亩、封山育林 113 万亩。工程区森林覆盖率显著提高：1989 年工程实施前，工程建设范围内森林覆盖率为 26.3%，至 1994 年森林覆盖率提高至 32.9%，活立木蓄积量由 1989 年的 2166.3 万 m^3 增长到 1994 年的 2314.7 万 m^3。该省工程区的土壤侵蚀明显减少：土壤侵蚀总量由 1989 年的 2429.5 万 t 减少到 1994 年的 1236.4 万 t。通过实施长江流域防护林体系建设工程，部分地区水土流失已经初步得到遏制（甘肃省长防林建设办公室，1996）。

陕西省长江流域防护林体系建设工程建设成效显著。该省的长江流域防护林体系建设一期工程的林木保存率平均超过 70%，工程区水土流失强度有所缓解，同时自然灾害强度明显减弱。经过一期、二期工程建设，陕西省长江流域防护林体系建设工程区的林地面积由 1988 年的 449.72 万 hm^2 增长到 2010 年的 558.97 万 hm^2；有林地面积由 1988 年的 287.2 万 hm^2 增长到 2010 年的 443.78 万 hm^2；

森林覆盖率由 1988 年的 39.3% 提高到 2010 年的 65.3%；水土流失面积由 1988 年的 340.42 万 hm² 降至 2010 年的 270.61 万 hm²，治理水土流失面积 69.81 万 hm²（晏健钧和晏艺翡，2013）。

贵州省乌江流域的板桥河小流域实施长江流域防护林体系建设工程后，12 年的定位观测结果表明，与工程实施前相比，1996 ~ 2000 年小流域平均径流量增加了 11.3%，输沙模数下降了 69.6%，最大洪峰径流量减少了 3.7%。随着长江流域防护林体系的初步建成，防护林主要林分的土壤侵蚀模数明显减小，其中幼林地的土壤侵蚀量减少了 23.8% ~ 45.5%。观测结果表明，针阔混交林在 10 年中，树干径流增加了 0.19%，林冠截留率增加了 4.8%，地表径流率减少了 1.15%。11 月至翌年 3 月的地下径流量有所增加。工程建设 10 年，防护林各林分的土壤肥力和物理性状都得到较好的发展，养分元素含量均明显提高，物理性质也显著改善（金小麒，2001）。

由于长江流域防护林体系建设工程的实施，湖北省红安县境内倒水河流域的森林覆盖率从 1979 年的 20.84% 提高到 2001 年的 37.25%。森林植被的恢复对该流域的水土保持产生了积极影响：流域内的土壤侵蚀得到明显控制，侵蚀面积从 75 736.1hm² 减少到 66 707.8hm²。中度及以上强度的土壤侵蚀已基本消失，林区无明显侵蚀的面积从 1928.6hm² 增加到 12 803.1hm²。林区土壤侵蚀由以中度侵蚀为主转变为以轻 I 侵蚀为主（刘赞等，2009）。湖北省谷城县自 2000 年实施长江流域防护林体系建设二期工程。通过长江流域防护林体系建设工程建设，全县林地面积由工程前的 17.33 万 hm² 增加到 17.84 万 hm²，有林地面积由工程前的 9.6 万 hm² 增加到 10.07 万 hm²。同样，湖北省丹江口市森林面积上升明显：通过二期工程的实施，该市的森林面积由 2000 年的 10.67 万 hm² 增加到 12.31 万 hm²，森林覆盖率提高了 5.1%。工程区水土流失量由工程前的每年 869 万 t 下降到 696 万 t，土壤侵蚀模数由 5214t/（km²·a）下降到 4210t/（km²·a）（国家林业局，2013）。湖北省巴东县经过长江流域防护林体系建设一期工程建设，全县新增有林地面积 2.42 万 hm²，森林覆盖率由 43.8% 提高到 55.4%，水土流失面积由治理前的 2400.67km² 减至 1876km²，年泥沙流失量由 823.11 万 t 减至 584 万 t，森林蓄水能力增加 945 万 m³（邓正全和邓正双，2002）。

湖南省的长江流域防护林体系建设工程第一期规划营造林面积为 135.3 万 hm²，实际完成面积占规划面积的 99.97%。长江流域防护林体系建设工程的实施显著增加了森林面积，据统计，工程实施区的林业用地面积由工程实施前的

306.37 万 hm^2 增加到一期工程结束后的 353.53 万 hm^2、森林活立木总蓄积量由 7176.12 万 m^3 增加至 9254.17 万 m^3、森林覆盖率净增加 3.41%。而且，随着森林植被的恢复，工程区生态环境得到了明显改变，防护林的生态防护功能正逐步显现。工程实施区的水土流失面积由实施前的 24 462.74km^2 下降到一期工程结束后的 17 789.63km^2，水土流失面积在原基础上下降了 27.28%，年平均减少 606.6km^2。平均侵蚀模数由实施前的 3134t/km 下降到一期工程实施后的 2054t/km，逐年下降平均速度为 98.18t/km。土壤侵蚀量由实施前的 8068.92 万 t 减少到一期工程结束后的 4400.64 万 t，逐年平均减少 333.5 t（陈晓萍等，2001）。

经过长江流域防护林体系建设工程一期建设，安徽省工程区森林覆盖率已由 1990 年的 31.1% 上升到一期工程结束后的 45.1%，活立木蓄积量净增加 10%，水土流失面积减少了 78.7%，土壤流失量减少 53.3%。例如，宿松县钓鱼台水库上游营造防护林 3600hm^2，每年减少泥沙输库量 5.7 万 m^3；潜山县在大沙河、潜水、皖水上游实施人工造林和封山育林 5420hm^2，防护林工程的实施使得该地区水土流失状况得到根本扭转（余遵本和郑亮，2001）。安徽省北部的利辛县，过去干热风危害较为严重，威胁小麦生产。2001～2009 年通过实施长江流域防护林体系建设工程，共营造农田防护林网 5.33 万 hm^2，建设以铁路、公路、沟渠为主的绿色长廊 1964km，以村庄绿化为点、道路绿化为线、农田林网建设为面的防护林体系初步建成。长江流域防护林体系建设工程的实施使得该县的干热风危害得到初步遏制，全县的生态环境和小气候得到改善。据观测，与无林网区的对照点相比，农田防护林网内的风速降低 32.9%～47.7%，相对湿度提高 7.1%～20.5%，土壤蒸发量平均减少 27.4%，作物蒸腾量平均减少 34.1%，冬季气温提高 0.5～1℃，夏季气温降低 0.6～1.4℃，干热风出现的频率也由建网前的每年 3～4 次减少到现在的不足 1 次（国家林业局，2013）。

河南省桐柏县实施长江流域防护林体系建设工程以来，森林快速恢复。据统计，全县森林覆盖率由 2000 年的 40.1% 增长到 2009 年的 50.3%，全县荒山绿化率达 90.8%，沟河渠路绿化率达 96.8%（国家林业局，2013）。河南省西峡县在长江流域防护林体系建设工程一期中累计完成造林 52 万亩，飞播造林 4.2 万亩，封山育林 58 万亩，低效林改造 16 万亩。西峡县有林地面积增加到 370 万亩，其中经济林增加到 88 万亩，森林覆盖率上升到 74.9%，活立木蓄积量增加到 791 万 m^3，基本消灭了全县的宜林荒山（张文亮和时富勋，2000）。该县长江流域防护林的生态效益日益明显：据报道工程启动前，西峡县日降水量 60mm 即发洪水，工程实施后日降水量 70mm 也不易形成洪水。同时，西峡县水土流失面积减少了 72%，土壤侵蚀模数由 227t/（km² · a）下降到 28.5t/（km² · a）（张文亮和时富勋，2000）。研究表明，水土流失的减少主要与长江流域防护林的水土保持功能有关。该县的主要防护林——栓皮栎林的林冠能截留 20.77% 的降水，能把 4.85% 的降水转化为树干径流，灌木层、草本层能分别截留 20.1%，草本层能截留 31.37% 的降水。因此防护林通过对降水的再分配，改变了降水的时空分布，从而对保持水土起到了作用（宋轩等，2001）。

江西省赣县实施长江流域防护林体系建设工程后，森林资源大幅度增长。据统计工程实施到 1999 年，赣县绿化了宜林荒山 6.26 万 hm²，同时疏林地面积减少了 2.56 万 hm²，有林地面积增加了 9.96 万 hm²，活立木蓄积增加了 200.4 万 m³，森林覆盖率净增加了 31.3%（叶长娣和钟晓红，2001）。随着森林恢复，该县的水土流失面积从 1989 年的 985km² 减少到 1999 年的 146.9km²；土壤侵蚀模数由 1989 年的 2704.4t/（km² · a）减少到 1999 年的 627.2t/（km² · a）；土壤侵蚀量从 1989 年的 266.4 万 t 减少到 1999 年的 30.5 万 t。据统计，全县活崩岗由 1989 年的 920 个下降到 1999 年的 17 个。而且，该县的河床高度逐年下降或上升幅度逐年减少（叶长娣和钟晓红，2001）。江西省修水县在为期 5 年（2000 ~ 2004 年）的长江流域防护林体系建设工程中，累计治理水土流失面积 160.45km²，治理程度达到 80.6%，其中坡改梯 665hm²、水保林 5057hm²、经果林 1723.7hm²、种草 1323.3hm²、保土耕作 939.7hm²、封禁治理 6336hm²，修砌各类小型水利水保工程 2352 处，完成土石方 292.57 万 m³，总投工 184.68 万个，总投资 3507.8 万元（樊水宝和余大海，2006）。

浙江省 1992 ~ 2008 年累计完成长江流域防护林体系建设工程投资 20 亿元。全省建设工程总规模为 163.5 万 hm²，总完成率为 118.1%。该省完成人工造林 21.1 万 hm²，完成率 107.6%；封山育林 101.6 万 hm²，完成率 133.9%；飞播造林 493hm²，完成率 100%；低效林改造 6.2 万 hm²，完成率 87.4%；幼林抚育 34.5 万 hm²，完成率 96.5%。长江流域防护林体系建设工程的实施极大地提高了该省的森林质量和森林的生态保障功能，使防护林体系的结构和功能的稳定性以及多样性得到有效改善，森林覆盖率达到 68%，水土流失基本得到控制（孙茂者等，2012）。

工程实施以来，珠江流域防护林体系建设工程区有林地面积显著增加，森林覆盖率明显提高。项目区有林地面积增加到 1912.90 万 hm²，森林蓄积为 8.3 亿

m³，森林覆盖率为 56.80%，分别比 2000 年增加 108.2 万 hm²、2.7 亿 m³ 和 12
个百分点（刘德晶，2015）。森林的恢复增强了植被保持水土，涵养水源，减少
洪灾、泥石流、滑坡等自然灾害的能力。工程治理区的生态环境状况也得到了明
显改善。据监测，珠江流域水土流失土壤侵蚀总量明显下降，轻度、强度侵蚀面
积逐步减少。珠江流域防护林体系建设工程区西江流域（包括南盘江、北盘
江）、北江流域土壤侵蚀量下降尤为明显（刘德晶，2015）。广西壮族自治区从
1996 年开始实施珠江流域防护林体系建设工程，到 2012 年珠江流域防护林体系
建设工程共完成人工造林 17.05 万 hm²，封山育林 17.61 万 hm²。广西壮族自治
区珠江流域防护林体系建设工程区森林覆盖率（含灌木林）由 1996 年的 51.3%
提高到 2012 年的 63.6%，增加 12.3 个百分点。特别是石山地区的灌木林面积由
244.8 万 hm² 增加到 354.3 万 hm²，基本扭转了石山地区生态恶化的趋势，逐步
改善了生态环境。珠江流域防护林体系建设工程实施后，森林覆盖率逐步提高，
森林的防灾减灾功能初见成效。工程区共减少水土流失面积 31.2 万 hm²，林分
年固土量 776.23 万 t，年保肥量 1024.62 万 t，年调节水量 23.05 亿 m³（覃婷和
王科，2014）。云南省富源县从 2000 年启动珠江流域防护林体系建设工程，截至
2011 年，全县在生态脆弱及水土流失严重区域实施完成 1.3hm²，占计划
100.26%，其中人工造林 0.74hm²、封山育林 0.55hm²，完成投资 2676.3139 万
元，新增有林地面积 0.75 万 hm²，森林覆盖率提高了 2.3 个百分点（温绍能，
2012）。长江流域工程区各类土地利用面积变化见表 2-7。

表 2-7　长江流域工程区各类土地利用面积变化　（单位：10^5hm²）

土地利用	1989~1993 年	1994~1998 年	1999~2003 年	2004~2008 年
林业用地合计	228.166	358.692	878.451	930.67
有林地合计	102.016	207.843	567.584	630.571
乔木林	79.851	171.939	449.448	518.634
用材林	61.983	128.258	248.241	211.394
防护林	11.625	31.118	170.705	269.113
薪炭林	5.905	10.332	13.602	8.002
特用林	0.338	2.231	16.9	30.125
经济林	18.674	30.829	89.467	79.931

土地利用	1989~1993 年	1994~1998 年	1999~2003 年	2004~2008 年
竹林	3.491	5.075	28.669	32.006
疏林地	21.054	13.551	22.492	15.905
灌木林地	29.736	60.138	164.776	165.031
未成林造林地	5.193	7.198	11.743	31.999
苗圃地	0.009	0.124	1.021	2.183
无林地合计	70.158	69.838	110.835	14.677
宜林荒山荒地	68.32	66.963	102.435	68.883
采伐迹地	1.343	2.094	4.914	5.106
火烧迹地	0.209	0.476	2.93	2.923
宜林沙荒	0.286	0.305	0.556	68.883
森林覆盖率/%	20.69	29.51	27.86	32.21

注：数据来源于全国森林清查资料

2.2.2　林业产业结构得以调整，社会效益、经济效益良好

通过长江、珠江流域防护林体系建设工程的实施，工程区的林业结构得以调整（表2-8），林业产业实现较快发展。从工程实施前（1984~1988 年）到第七次森林清查时期（2004~2008 年），工程涉及各省份的防护林面积及比例迅速增加。中国森林的功能实现了由提供木材为主到提供生态防护功能为主的转型（Zhang et al., 2017）。工程涉及的 19 个省（自治区、直辖市）的防护林总面积由第三次森林清查时（1984~1988 年）的 $1.069\times10^7\mathrm{hm}^2$ 增加至第七次森林清查时期的 $4.642\times10^7\mathrm{hm}^2$。甘肃、贵州、湖北、陕西、四川、西藏、重庆等省（自治区、直辖市）的森林中，防护林比例已经超过各自森林总量的一半。与此相对应的是，用材林所占的比例大幅度缩减。第四次森林清查时期（1989~1993年），工程区用材林、防护林、薪炭林面积的比例分别为 77.6%、14.6%、7.4%，三者蓄积量的比例分别为 75.0%、22.3%、1.4%。至 2004~2008 年第七次森林清查时期，工程区用材林、防护林、薪炭林面积的比例分别为 40.7%、51.9%、5.8%，三者蓄积量的比例分别为 54.7%、32.8%、11.9%。

表2-8 长江流域防护林工程区乔木林各龄组面积、蓄积的变化

类别	幼龄林		中龄林		近熟林		成熟林		过熟林	
	面积 /10⁶ hm²	蓄积 /10⁶ m³	面积 /10⁶ hm²	蓄积 /10⁶ m³	面积 /10⁶ hm²	蓄积 /10⁶ m³	面积 /10⁶ hm²	蓄积 /10⁶ m³	面积 /10⁶ hm²	蓄积 /10⁶ m³
1989～1993 年										
合计	4.2141	67.9519	2.5037	107.7314	0.6397	46.3114	0.3708	49.1933	0.2568	49.4322
用材林	3.1261	52.5925	2.1934	93.6509	0.5024	35.3264	0.2501	29.1984	0.1263	29.7099
防护林	0.5192	11.2451	0.2731	12.4441	0.1335	10.7957	0.1126	18.2101	0.1241	18.8831
薪炭林	0.5622	3.6806	0.0283	0.7006	0	0	0	0	0	0
特用林	0.0066	0.4337	0.0089	0.9358	0.0038	0.1893	0.0081	1.7848	0.0064	0.8392
1994～1998 年										
合计	8.0633	144.3558	5.3939	236.4303	1.7015	131.6938	1.1956	152.3582	0.8396	168.5427
用材林	5.9938	111.5785	4.5148	192.7968	1.3094	98.3289	0.6876	82.0927	0.3802	76.8919
防护林	1.2368	23.5098	0.7002	34.8601	0.3194	28.0973	0.4404	59.7497	0.415	81.7367
薪炭林	0.864	8.0625	0.1264	3.6502	0.0326	1.4197	0.0054	1.3289	0.0048	1.5815
特用林	0.0287	1.205	0.0525	5.1232	0.0401	3.8479	0.0622	9.1869	0.0396	8.3326

续表

类别	幼龄林 面积/10⁶hm²	幼龄林 蓄积/10⁶m³	中龄林 面积/10⁶hm²	中龄林 蓄积/10⁶m³	近熟林 面积/10⁶hm²	近熟林 蓄积/10⁶m³	成熟林 面积/10⁶hm²	成熟林 蓄积/10⁶m³	过熟林 面积/10⁶hm²	过熟林 蓄积/10⁶m³
1999~2003 年										
合计	17.0432	421.4011	16.3783	926.5831	4.9382	448.2002	4.0238	635.1432	2.5613	644.1798
用材林	9.0935	215.9859	10.8638	532.0598	2.8111	211.5748	1.4966	157.3783	0.5591	112.4878
防护林	6.5704	177.7098	4.848	333.3204	1.8458	201.7977	2.152	409.1083	1.6543	418.8112
薪炭林	1.0389	12.0874	0.179	7.6956	0.0732	1.0778	0.0563	1.4682	0.0128	0.2839
特用林	0.3404	15.618	0.4875	53.5073	0.2081	33.7499	0.3189	67.1884	0.3351	112.5969
2004~2008 年										
合计	19.5412	516.1214	18.22	1153.148	6.4137	580.4641	4.8633	743.7404	2.8252	692.2435
防护林	11.1654	287.292	8.4667	548.3867	2.8398	271.4732	2.6511	472.321	1.7883	437.1726
特用林	0.5502	22.0259	0.8787	83.139	0.3836	49.1207	0.6247	117.2559	0.5753	168.872
用材林	7.2197	197.4387	8.7792	517.0663	3.1336	256.5848	1.5518	152.7586	0.4551	85.9645
薪炭林	0.6059	9.3648	0.0954	4.5564	0.0567	3.2854	0.0357	1.4049	0.0065	0.2344

注: 数据来源于全国森林清查资料

在坚持生态优先的前提下，工程区各级部门充分挖掘工程内在经济潜能，优化林种、树种结构，通过选择一些既具有较高生态防护功能，又具备较好经济效益的树种，建设了一批用材林、经济林基地。工程林成为当地农民收入的新增长点，一大批农户通过直接参加工程建设和发展经济林果走上致富路。当地依托森林资源，带动了种养殖业发展，改善了投资环境，促进了木材加工、森林食品、森林旅游等相关产业发展，加快了农村产业结构调整，促进了经济社会可持续发展（国家林业局，2013）。据统计，长江流域防护林体系建设工程区农民的人均年林果收入，从工程启动前的 47.3 元增加到 1999 年的 99.5 元，林果业占农民年纯收入的百分比从 8.6% 提高到 10%。陕西省全省长江流域防护林体系建设工程区的国内生产总值由 1988 年的 87.05 亿元增长到 2010 年年底的 1054.98 亿元，增长了 11.1 倍；林业总产值由 1988 年的 5.7 亿元增长到 2010 年的 26.59 亿元，增长了 3.67 倍；地方财政收入由 1988 年的 4.18 亿元增长到 2010 年的 100.53 亿元，增长了 23 倍；农民户年均收入由 1988 年的 0.39 万元，增长到 2010 年的 1.94 万元，增长了 3.97 倍（晏健钧和晏艺翡，2013）。

目前，不少工程县（市、区）已形成市场引导龙头企业、龙头企业联结千家万户、千家万户兴办林业原料基地的林工贸一体化的林业产业化体系，加快了林业产业调整和开发的进程。安徽省在长江流域防护林体系建设工程中，因地制宜地营造了一定比例的高效经济型防护林，如梨、苹果、葡萄、石榴、板栗、柿、枣、笋用竹等，总规模达 2 万 hm^2，年纯收益 2000 万元以上。浙江省以高效生态林业基地建设为契机，做大做强特色经济林产业，大力发展特色生态经济型主导产业。例如，通过实施竹子现代示范区建设、山核桃西进、香榧南扩、油茶产业振兴、珍贵树种发展、森林旅游等工程项目，提升了森林经营水平和林地生产率，加快了农村产业结构调整的步伐。据统计，2009 年，该省示范村林农人均收入 9284 元，其中林业收入 4768 元，占人均收入的 51.4%，占农业收入的 74.9%。竹木加工业发展迅速，形成了人造板、地板、玩具、工艺品、木制家具等一批特色产业（国家林业局，2013）。

长江流域防护林体系建设工程开创了我国实行大江大河流域治理的先河，使我国的生态环境建设实现了与国际社会接轨（李世东和陈应发，1999a）。长江流域防护林体系建设工程引起了国际社会的广泛关注，一期工程实施期间，先后有美国、日本、德国等 10 多个国家的政府官员、学者 600 多人到工程区参观考察，促进了国际交流。另外，工程建设对工程区农村基础设施状况有部分改造，吸纳了农村富余劳动力，提供了门前打工的就业机会。例如，云南省富源县在 2000 ~ 2011 年珠江流域防护林体系建设工程实施过程中，累计投工 31.6891 万个，平均 40 元/工日，增加农民经济收入 1267.564 万元（温绍能，2012）。许多工程区通过工程实施建立了林业产业基地，不仅给农民带来了经济收益，而且使山变绿、水变清，改善了生产生活环境，给地方发展带来了新的希望，因此，工程得到了广大农民的拥护和支持（孙茂者等，2012；刘德晶，2015），产生了良好的社会效益。

| 第 3 章 | 工程区森林植被碳储量动态

3.1 引　言

森林是陆地生物圈的重要组分，据估计，约有85%的陆地生物量集中在森林植被（Lieth and Whittaker，1975）。森林及其变化对全球碳循环有着深远影响（FAO，2010；Pan et al.，2011）。研究表明，目前全球森林是重要的碳汇，而且在未来一段时间还将有巨大的固碳潜力（Pan et al.，2011）。2013年11月联合国气候变化会议通过的《REDD+华沙框架》再次肯定了森林在抵消工业温室气体排放中的作用（刘迎春等，2015）。因此，森林生物量及其动态不仅是生态学和全球变化研究的核心内容之一，同时也是政策制定者和公众关心的焦点问题。

森林砍伐、自然灾害（如火灾、病虫害、极端气候）、造林、土地撂荒等是影响森林植被碳储量动态的主要因素（Geist and Lambin，2002；Hansen et al.，2013；Zhang et al.，2017）。据联合国粮食及农业组织公布的《2010年全球森林资源评估》（FAO，2010），20世纪90年代，毁林速率为每年约1600万hm²，之后毁林速率有所减缓，下降到每年约1300万hm²（FAO，2010）。虽然全球平均毁林速率仍然维持在较高水平，但在一些发展中国家，如中国、印度、越南、不丹、哥斯达黎加等，森林变化趋势正在呈现如欧洲、美国等曾经历过的历程，即由净减少转变为净增加（Mather，2007；Zhang et al.，2017）。中国、印度、越南等国大规模植树、执行森林恢复计划是近年来森林增长的主要原因（FAO，2010）。这些地区新增加的森林成为全球新的碳汇增长点。

20世纪90年代以来，中国森林面积呈现快速增长趋势（Zhang et al.，2017）。全国森林资源连续清查资料显示，在80年代初期，森林覆盖率仅为12%。而2004~2008年的第七次森林清查显示，森林覆盖率上升至20.36%，全国森林面积达1.95亿hm²，蓄积量为137.21亿m³。其中，人工林保存面积为0.62亿hm²，蓄积量为19.61亿m³，人工林面积居世界首位。中国森林面积的迅速增长主要是因为在自然灾害及经济发展的驱动下，中国实施了一系列大规模生态工程（Zhang et al.，2017），如"三北"防护林体系建设工程、长江流域等重点流域防护林体系建设工程、天然林资源保护工程、退耕还林还草工程、环北京地区防沙治沙工程、野生动植物保护及自然保护区建设工程等。大规模生态工程驱动下的森林扩张将显著提高中国森林的固碳能力。据 Zhang 等（2017）估计，1994~2008 年，中国森林植被碳库的平均增长速率为 0.137Pg C/a。

长江、珠江流域防护林体系建设工程是中国在长江、珠江等流域实施的重大林业生态工程，其工程区覆盖江西、四川、湖北、陕西、云南、贵州、湖南、河南、甘肃、重庆、广西、安徽、浙江、山东、青海、江苏、广东、西藏、上海19 个省级行政区。从 1989 年工程启动，目前已经顺利完成第一期、第二期工程。研究工程区森林植被碳储量的动态变化对于评估和认证工程的固碳效应具有重要意义。本章利用森林资源连续清查资料，评估长江、珠江流域防护林体系建设工程区森林植被碳储量的动态变化趋势。

3.2　材料和方法

3.2.1　工程区森林植被碳密度与碳储量

基于全国森林资源连续清查资料，采用 Fang 等（2001）建立的方法体系估算不同森林清查时期工程区各省份的森林植被生物量碳密度及碳储量。考虑到工程的启动时间是 1989 年，我们采用的森林清查资料为 1984~1988 年（第三次）、1989~1993 年（第四次）、1994~1998 年（第五次）、1999~2003 年（第六次）、2004~2008 年（第七次）。利用徐新良等（2007）建立的各森林类型的生物量–蓄积量线性拟合方程来估算不同森林类型、不同龄组森林的生物量密度。

$$B_{ij}=a+b\times V_{ij} \qquad (3\text{-}1)$$

式中，i 为某一森林类型（$i=1$，2，3，…，n，n 为森林清查资料统计的该省份主要森林类型的数目，每个省份的 n 值取值不一定相同）；j 为某一龄组（$j=1$，2，3），即幼龄林、中龄林、成熟林（包括森林清查资料中的近熟林、成熟林、过熟林）；V_{ij} 为森林类型 i、龄组 j 的蓄积量（m³/hm²）；a、b 为常数（方程参数见表 3-1）；B_{ij} 为森林类型 i、龄组 j 的生物量密度（t/hm^2）。换算成为生物量碳密度时，将 B_{ij} 乘以 0.5（平均碳含量）。

表 3-1　生物量–蓄积量线性拟合方程的参数

森林类型	龄组	式（3-1）中的参数			
		a	b	n	R
常绿阔叶树	幼龄林（≤40 年）	17.594 1	0.950 1	212	0.897 93
	中龄林（41 ~ 60 年）	39.375 2	0.859 3	79	0.871 57
	成熟林（≥61 年）	43.417 3	0.838 9	63	0.850 43
红松	幼龄林（≤40 年）	33.204 9	0.483 4	24	0.878 28
	中龄林和成熟林（≥41 年）	54.729 3	0.410 8	19	0.818 86
华山松、黄山松和高山松	幼龄林（≤30 年）	15.655 7	0.633 3	29	0.887 4
	中龄林（31 ~ 50 年）	45.537 4	0.413 9	13	0.884 83
	成熟林（≥51 年）	47.675 1	0.429 2	17	0.870 98
桦木、杨树	幼龄林（≤30 年）	21.56	0.575	120	0.884 49
	中龄林（31 ~ 50 年）	39.934 8	0.591 7	67	0.874 91
	成熟林（≥51 年）	29.615 6	0.625 7	45	0.897 99
冷杉、云杉、铁杉	幼龄林（≤60 年）	49.080 2	0.342 2	28	0.920 86
	中龄林（61 ~ 100 年）	29.399 3	0.495 2	33	0.922 18
	成熟林（≥101 年）	53.612	0.391 7	118	0.866 82
柳杉、柏木、湿地松	幼龄林（≤10 年）	35.253 8	0.474 1	24	0.822 47
	中龄林（11 ~ 20 年）	47.600 5	0.474 1	23	0.969 34
	成熟林（≥21 年）	69.351 2	0.393	29	0.889 59
橡、栎及其他落叶阔叶树	幼龄林（≤40 年）	21.828 1	0.708 4	93	0.889 07
	中龄林（41 ~ 60 年）	22.259 8	0.839 8	76	0.919 67
	成熟林（≥61 年）	55.436 1	0.426 5	41	0.876 56
落叶松	幼龄林（≤40 年）	30.443 8	0.619 4	93	0.955 98
	中龄林（41 ~ 80 年）	14.309 6	0.642 5	22	0.972 64
	成熟林（≥81 年）	33.773 4	0.555 8	29	0.976 75
马尾松	幼龄林（≤20 年）	12.106 3	0.509 3	158	0.847 17
	中龄林（21 ~ 30 年）	38.643 6	0.493 4	98	0.806 83
	成熟林（≥31 年）	21.281 2	0.549 7	35	0.919 96

续表

森林类型	龄组	式（3-1）中的参数			
		a	b	n	R
杉木	幼龄林（≤10 年）	14.621 2	0.676 5	83	0.875 4
	中龄林（11~20 年）	32.877 7	0.385 8	111	0.888 7
	成熟林（≥21 年）	0.526 4	0.511 5	100	0.938 33
油松	幼龄林（≤30 年）	14.480 7	0.710 6	125	0.916 32
	中龄林（31~50 年）	4.949 8	0.811 5	79	0.918 41
	成熟林（≥51 年）	8.472 7	0.698 3	77	0.968 66
云南松、思茅松	幼龄林（≤30 年）	31.720 7	0.507	22	0.957 99
	中龄林（31~50 年）	4.230 4	0.718 5	15	0.986 16
	成熟林（≥51 年）	-10.011 8	0.789 2	20	0.996 87
樟子松	幼龄林（≤40 年）	1.130 2	1.103 4	72	0.999 75
	中龄林和成熟林（≥41 年）	55.795	0.254 5	12	0.962 27

资料来源：徐新良等（2007）

然后基于各省（自治区、直辖市）不同树种、不同龄组的森林清查资料计算各省（自治区、直辖市）的森林总生物量：

$$B_t = \sum_{i=1}^{n} \sum_{j=1}^{3} A_{ij} \times B_{ij} \tag{3-2}$$

式中，B_t 为某省（自治区、直辖市）森林总生物量（t）；A_{ij} 为某省（自治区、直辖市）森林类型 i、龄组 j 的面积（hm²）；B_{ij} 为森林类型 i、龄组 j 的生物量密度（t/hm²），通过生物量-蓄积量线性拟合方程估算得来；n 为森林清查资料统计的该省（自治区、直辖市）主要森林类型的数目，每个省（自治区、直辖市）的 n 值取值不一定相同。

在此基础上确定某省（自治区、直辖市）的森林植被碳储量 C_s（t）和平均碳密度 C_d（t/hm²）：

$$C_s = B_t \times N \tag{3-3}$$

式中，C_s 为某省（自治区、直辖市）的森林植被碳储量（t）；B_t 为某省（自治区、直辖市）的总生物量（t）；N 为森林植被碳含量，取值为 0.5。

$$C_d = C_s / S \tag{3-4}$$

式中，C_d 为某省（自治区、直辖市）的森林植被平均碳密度（t/hm²）；C_s 为某省（自治区、直辖市）的森林植被碳储量（t）；S 为某省（自治区、直辖市）的森林面积（hm^2）。

第五次、第六次、第七次森林清查中，森林的定义发生了改变，即由郁闭度大于 0.3，变为郁闭度大于 0.2。本研究采用 Fang 等（2007）的方法对第三次、第四次森林清查的数据进行校正：

$$\text{Area}_{0.2} = 1.183\,\text{Area}_{0.3} + 12.137 \tag{3-5}$$

$$\text{TC}_{0.2} = 1.122\,\text{TC}_{0.3} + 1.157 \tag{3-6}$$

式中，$\text{Area}_{0.2}$ 为某省（自治区、直辖市）在郁闭度大于 0.2 的标准下森林的面积（$10^4\,hm^2$）；$\text{Area}_{0.3}$ 为某省（自治区、直辖市）在郁闭度大于 0.3 的标准下森林的面积（$10^4\,hm^2$）；$\text{TC}_{0.2}$ 为某省（自治区、直辖市）在郁闭度大于 0.2 的标准下森林的碳储量（Tg C，1 Tg C = 0.001 Pg C = 10^{12} g C）；$\text{TC}_{0.3}$ 为某省（自治区、直辖市）在郁闭度大于 0.3 的标准下森林的碳储量（Tg C）。

本研究中，所有涉及 1984~1988 年、1989~1993 年数据的图表均通过统一的方法进行了校正。

3.2.2　工程区防护林的植被碳储量

根据 2004~2008 年森林清查资料中分林种（用材林、防护林、薪炭林、特用林）统计信息，计算工程所涉及的 19 个省级行政区的防护林比例：

$$P_j = V_{j防护林} / (V_{j用材林} + V_{j防护林} + V_{j薪炭林} + V_{j特用林}) \tag{3-7}$$

式中，P_j 为某省（自治区、直辖市）、龄组 j 的防护林比例；$V_{j用材林}$、$V_{j防护林}$、$V_{j薪炭林}$、$V_{j特用林}$ 分别为某省（自治区、直辖市）龄组 j 的用材林、防护林、薪炭林、特种用途林的蓄积量。

根据各省（自治区、直辖市）、各龄组的森林植被生物量、防护林比例估算防护林的生物量碳储量：

$$C_{sf} = 0.5 \times \sum_{j=1}^{3} P_j \times C_{sj} \tag{3-8}$$

式中，C_{sf} 为某省（自治区、直辖市）的防护林植被碳储量（t）；P_j 为该省（自治区、直辖市）龄组 j 的防护林比例；C_{sj} 为该省（自治区、直辖市）龄组 j 的所有森林生物量（由各种森林类型的面积乘以生物量碳密度然后求和得来）；j 为某一龄组（$j=1$，2，3），即幼龄林、中龄林、成熟林。

3.2.3　工程新营造林的植被固碳量估算

由于工程统计资料中缺乏各省（自治区、直辖市）工程营造林的类型及各类型的面积，本研究中使用的是替代指标，即 2004～2008 年全国森林清查资料中各省（自治区、直辖市）统计的森林类型及其面积比例。具体方法如下：根据第七次全国森林清查资料，先求各省（自治区、直辖市）各林型的幼龄林、中林龄面积占该省（自治区、直辖市）总的幼林龄、中龄林面积的比例：

$$P_{iy} = S_{iy}/S_y；P_{im} = S_{im}/S_m \tag{3-9}$$

式中，P_{iy} 为某省（自治区、直辖市）林型 i 幼龄林的比例；S_{iy} 为该省（自治区、直辖市）林型 i 幼龄林的面积；S_y 为该省（自治区、直辖市）所有幼龄林的面积之和；P_{im} 为某省（自治区、直辖市）林型 i 中龄林的比例；S_{im} 为该省（自治区、直辖市）林型 i 中龄林的面积；S_m 为该省（自治区、直辖市）所有中龄林的面积之和。

基于第七次全国森林清查（2004～2008 年）资料中各省（自治区、直辖市）、各主要森林类型幼龄林、中龄林蓄积量，利用徐新良等（2007）建立的各森林类型的生物量–蓄积量线性拟合方程，计算各省（自治区、直辖市）各森林类型幼龄林、中龄林生物量密度：

$$B_{iy} = a + b \times V_{iy}；B_{im} = a + b \times V_{im} \tag{3-10}$$

式中，B_{iy} 为某一森林类型的幼龄林生物量密度（t/hm^2）；V_{iy} 为某一森林类型的幼龄林蓄积量（m^3/hm^2）；a、b 为常数（方程参数见表 3-1）；B_{im} 为某一森林类型的中龄林生物量密度（t/hm^2）；V_{im} 为某一森林类型的中龄林蓄积量（m^3/hm^2）；a、b 为常数（方程参数见表 3-1）；i 为某一森林类型。

1990～2010 年长江、珠江流域防护林体系建设工程的某类工程营造林（人工造林、飞播造林、封山育林）的成林面积为

$$S_k = \alpha_k \times A_k \tag{3-11}$$

式中，S_k 为某类工程营造林（人工造林、飞播造林、封山育林）的成林面积；α 为工程的成林比率，其中人工造林按 90.2% 的成林比率换算，飞播造林、封山育林则以 66%～70% 的成林比率进行估算（吴庆标等，2008）；A_k 为工程面积；k 为工程类型（$k = 1，2，3$，即人工造林、飞播造林、封山育林）。

假定 1990～2010 年长江、珠江流域防护林体系建设工程的新营造林全部处于幼龄林阶段，则某省（自治区、直辖市）的某工程类型 k 营造林（人工造林、飞播造林、封山育林）的固碳量为

$$C_{ky} = N \times \sum_{i=1}^{n} P_{iy} S_k B_{iy} \qquad (3\text{-}12)$$

式中，C_{ky} 为省（自治区、直辖市）某工程类型 k 营造林的固碳量；P_{iy} 为某省（自治区、直辖市）林型 i 幼龄林的比例；S_k 为某工程类型 k 营造林（人工造林、飞播造林、封山育林）的成林面积；N 为生物量的碳含量（取值为 0.5）；B_{iy} 为某一森林类型的幼龄林生物量密度。

假定 1990～2010 年长江、珠江流域防护林体系建设工程的工程新营造林全部处于中龄林阶段，则某省（自治区、直辖市）的某工程类型 k 营造林（人工造林、飞播造林、封山育林）的固碳量为

$$C_{km} = N \times \sum_{i=1}^{n} P_{im} S_k B_{im} \qquad (3\text{-}13)$$

式中，C_{km} 为省（自治区、直辖市）某工程类型 k 营造林的固碳量；P_{im} 为某省（自治区、直辖市）林型 i 中龄林的比例；S_k 为某工程类型 k 营造林（人工造林、飞播造林、封山育林）的成林面积；N 为生物量的碳含量（取值为 50%）；B_{im} 为某一森林类型的中龄林生物量密度；i 为该省（自治区、直辖市）的林型（$i=$ 1，2，3，…，n）；n 为森林清查资料统计的该省（自治区、直辖市）主要森林类型的数目，每个省的 n 值取值不一定相同。

3.3　结　果　分　析

3.3.1　工程区森林植被碳密度与碳储量

工程实施以来，工程涉及的 19 个省级行政区的森林覆盖率、蓄积量均呈上升趋势（表 3-2）。估算结果表明，除了云南省的幼龄林平均碳密度、中龄林平均碳密度出现了略微下降之外，其他各省份的幼龄林、中龄林、成熟林的平均碳密度均显著升高（表 3-3）。对于全省均位于工程区的 6 个省（自治区），即四川、湖北、湖南、贵州、江西、广西，幼龄林碳密度分别提高了 5t/hm²、5.3t/hm²、

表3-2 工程涉及的各省（自治区、直辖市）森林覆盖率、面积及蓄积量

省（自治区、直辖市）	1984~1988年			1989~1993年			1994~1998年			1999~2003年			2004~2008年		
	覆盖率/%	总面积/10⁶hm²	总蓄积量/10⁶m³	覆盖率/%	总面积/10⁶hm²	总蓄积量/10⁶m³	覆盖率/%	总面积/10⁶hm²	总蓄积量/10⁶m³	覆盖率/%	总面积/10⁶hm²	总蓄积量/10⁶m³	覆盖率/%	总面积/10⁶hm²	总蓄积量/10⁶m³
安徽	16.4	1.76	71.48	16.3	1.64	62.51	23	2.34	82.96	24	2.46	103.72	26.06	2.71	137.55
甘肃	4.5	1.95	172.09	4.3	1.74	165.00	4.8	1.92	172.02	6.7	1.92	175.04	10.42	2.13	193.64
广东	27.3	4.02	127.60	36.8	5.32	162.48	45.8	6.79	197.27	46.5	6.61	283.66	49.44	6.79	301.83
广西	22	4.26	204.08	25.3	4.79	213.59	34.4	6.31	277.00	41.4	7.47	364.77	52.71	8.07	468.75
贵州	12.6	1.96	108.01	14.8	2.20	93.91	20.8	3.02	140.50	23.8	3.44	177.96	31.61	3.98	240.08
河南	9.4	1.24	40.43	10.5	1.31	48.19	12.5	1.50	52.59	16.2	1.98	84.05	20.16	2.83	129.36
湖北	20.7	3.22	107.08	21.3	3.33	119.57	26	3.99	132.24	26.8	4.16	154.07	31.14	5.08	209.42
湖南	31.9	3.81	140.66	32.8	4.18	151.48	38.9	5.59	198.90	40.6	6.09	265.34	44.76	7.27	349.07
江苏	3.8	0.22	6.87	4	0.23	8.12	4.5	0.22	8.66	7.5	0.44	22.85	10.48	0.74	35.02
江西	35.9	4.36	168.50	40.4	5.05	180.89	53.4	6.91	223.08	55.9	7.28	325.05	58.32	7.68	395.30
青海	0.4	0.26	29.58	1.5	0.25	29.60	0.4	0.31	32.70	4.4	0.34	35.93	4.57	0.36	39.16
山东	10.5	0.73	10.56	10.7	0.64	15.00	12.6	0.63	14.81	13.4	0.83	32.02	16.72	1.56	63.39
陕西	22.9	4.35	258.81	24.2	4.34	279.18	28.7	4.93	302.66	32.6	5.09	307.76	37.26	5.67	338.21
上海	1.5	0.00	0.07	2.5	0.00	0.11	3.7	0.00	0.24	3.2	0.01	0.33	9.41	0.03	1.01
四川	19.2	9.84	1273.01	20.4	10.35	1305.31	23.5	11.98	1446.22	30.3	11.04	1495.43	34.31	11.65	1595.72
西藏	5.1	3.11	577.78	5.8	3.96	1231.06	5.9	4.08	1253.37	11.3	8.45	2266.06	11.91	8.41	2245.51
云南	24.4	8.59	1096.57	24.6	8.60	1105.28	33.6	11.81	1283.65	40.8	13.57	1399.29	47.5	14.73	1553.80
浙江	39.7	2.84	88.12	43	2.96	94.61	50.8	3.45	111.22	54.4	3.62	115.36	57.41	3.94	172.23
重庆	—	—	—	—	—	—	—	—	—	22.3	1.53	84.41	34.85	1.82	113.32

2. 8t/hm²、3. 8t/hm²、6t/hm²、7. 9t/hm²,中龄林碳密度分别提高了 5. 1t/hm²、5. 8t/hm²、2. 7t/hm²、4. 4t/hm²、6t/hm²、13. 5t/hm²(表 3-3)。

表 3-3　工程区各省(自治区、直辖市)森林的平均碳密度

(单位:t/hm²)

省(自治区、直辖市)	1984 ~ 1988 年			2004 ~ 2008 年		
	幼龄林	中龄林	成熟林	幼龄林	中龄林	成熟林
安徽	13. 4	29. 5	21. 2	16. 6	32. 9	37. 0
甘肃	19. 5	34. 2	48. 3	21. 0	42. 5	54. 8
广东	11. 7	25. 5	26. 6	15. 6	35. 4	35. 6
广西	10. 6	25. 9	37. 1	18. 5	39. 4	45. 4
贵州	17. 0	33. 0	34. 9	20. 8	37. 4	43. 2
河南	14. 9	25. 0	27. 4	20. 5	36. 5	44. 6
湖北	13. 8	26. 4	32. 3	19. 1	32. 2	36. 1
湖南	11. 9	26. 4	26. 5	14. 7	29. 1	31. 3
江苏	11. 8	17. 7	14. 2	18. 5	38. 3	37. 3
江西	11. 3	29. 4	30. 9	17. 3	35. 4	33. 8
青海	16. 6	26. 4	31. 8	28. 1	46. 9	55. 6
山东	12. 0	15. 4	14. 3	20. 4	34. 7	36. 1
陕西	13. 3	31. 6	41. 6	15. 1	31. 9	45. 7
上海	9. 6	9. 6	9. 5	13. 8	34. 0	46. 6
四川	16. 7	32. 4	65. 8	21. 7	37. 5	66. 6
西藏	9. 5	9. 5	60. 1	22. 9	48. 3	94. 4
云南	27. 5	45. 1	62. 7	27. 0	42. 1	65. 2
浙江	10. 1	25. 0	25. 1	17. 7	29. 1	28. 8
重庆	—	—	—	18. 5	35. 0	38. 1

从工程实施前(1984 ~ 1988 年)到第七次森林清查(2004 ~ 2008 年),工程区涉及的 19 个省(自治区、直辖市)的生物量总碳由 2. 278Pg 增至 3. 669Pg,

增量为 1.39Pg，平均增速为 69.5Tg/a（表 3-4、表 3-5）。四川省（包括重庆市）、湖北省、湖南省、贵州省、江西省、广西壮族自治区的生物量碳增量分别为 0.122Pg、0.039Pg、0.093Pg、0.052Pg、0.101Pg、0.103Pg，平均增速分别为 6.12Tg/a、1.94Tg/a、4.64Tg/a、2.60Tg/a、5.04Tg/a、5.14Tg/a。根据第七次森林清查资料估算的结果显示，48% 的生物量碳存储于幼龄林、中龄林中。

表 3-4　1984～1993 年工程涉及的各省（自治区、直辖市）森林生物量碳储量

（单位：Pg）

省（自治区、直辖市）	1984～1988 年				1989～1993 年			
	幼龄林	中龄林	成熟林	合计	幼龄林	中龄林	成熟林	合计
安徽	0.0172	0.0275	0.0049	0.0496	0.0172	0.0212	0.0064	0.0448
甘肃	0.0166	0.0333	0.0409	0.0908	0.0165	0.0297	0.0404	0.0866
广东	0.0283	0.0515	0.0181	0.0979	0.0393	0.0609	0.0239	0.1241
广西	0.0191	0.0379	0.0792	0.1362	0.0292	0.0423	0.0698	0.1412
贵州	0.0245	0.0277	0.0139	0.0661	0.0299	0.0233	0.0089	0.0621
河南	0.0167	0.0112	0.0070	0.0349	0.0191	0.0144	0.0054	0.0389
湖北	0.0300	0.0398	0.0160	0.0858	0.0368	0.0367	0.0173	0.0908
湖南	0.0321	0.0383	0.0190	0.0894	0.0310	0.0463	0.0205	0.0978
江苏	0.0027	0.0041	0.0023	0.0091	0.0026	0.0045	0.0026	0.0097
江西	0.0329	0.0548	0.0231	0.1109	0.0357	0.0612	0.0257	0.1226
青海	0.0031	0.0066	0.0075	0.0172	0.0032	0.0062	0.0074	0.0168
山东	0.0090	0.0050	0.0022	0.0161	0.0072	0.0071	0.0031	0.0174
陕西	0.0195	0.0602	0.0888	0.1685	0.0171	0.0566	0.1019	0.1755
上海	0.0012	0.0012	0.0012	0.0035	0.0012	0.0012	0.0012	0.0035
四川	0.0564	0.0927	0.3789	0.5281	0.0514	0.1066	0.3885	0.5465
西藏	0.0012	0.0012	0.2285	0.2309	0.0064	0.0182	0.3836	0.4082
云南	0.1047	0.1206	0.2537	0.4791	0.1004	0.1249	0.2611	0.4864
浙江	0.0198	0.0300	0.0140	0.0638	0.0192	0.0367	0.0143	0.0702
重庆	—	—	—	—	—	—	—	—

表3-5 1994~2008年工程区各省（自治区、直辖市）的森林生物量碳储量

（单位：Pg）

省（自治区、直辖市）	1994~1998年				1999~2003年				2004~2008年			
	幼龄林	中龄林	成熟林	合计	幼龄林	中龄林	成熟林	合计	幼龄林	中龄林	成熟林	合计
安徽	0.0168	0.0274	0.0073	0.0515	0.0179	0.0324	0.0092	0.0595	0.0164	0.0413	0.0173	0.0750
甘肃	0.0124	0.0290	0.0381	0.0795	0.0108	0.0293	0.0406	0.0808	0.0119	0.0300	0.0474	0.0893
广东	0.0430	0.0683	0.0236	0.1349	0.0625	0.0688	0.0300	0.1613	0.0540	0.0785	0.0396	0.1721
广西	0.0357	0.0535	0.0691	0.1583	0.0464	0.0783	0.0759	0.2006	0.0758	0.1165	0.0467	0.2390
贵州	0.0369	0.0268	0.0114	0.0752	0.0404	0.0368	0.0142	0.0913	0.0420	0.0562	0.0198	0.1180
河南	0.0186	0.0114	0.0054	0.0354	0.0220	0.0207	0.0106	0.0533	0.0348	0.0308	0.0130	0.0786
湖北	0.0347	0.0389	0.0155	0.0891	0.0397	0.0421	0.0151	0.0969	0.0605	0.0420	0.0221	0.1246
湖南	0.0350	0.0525	0.0228	0.1104	0.0224	0.0847	0.0394	0.1465	0.0337	0.0918	0.0566	0.1821
江苏	0.0011	0.0028	0.0016	0.0055	0.0031	0.0082	0.0020	0.0133	0.0073	0.0087	0.0046	0.0206
江西	0.0390	0.0749	0.0244	0.1382	0.0437	0.1019	0.0276	0.1732	0.0562	0.1216	0.0338	0.2116
青海	0.0016	0.0053	0.0073	0.0142	0.0020	0.0061	0.0078	0.0158	0.0018	0.0058	0.0093	0.0169
山东	0.0052	0.0053	0.0022	0.0127	0.0094	0.0082	0.0040	0.0215	0.0223	0.0099	0.0066	0.0388
陕西	0.0158	0.0478	0.1065	0.1701	0.0169	0.0426	0.1147	0.1742	0.0228	0.0500	0.1186	0.1914
上海	0.0000	0.0001	0.0000	0.0001	0.0001	0.0001	0.0000	0.0002	0.0003	0.0002	0.0001	0.0006
四川	0.0478	0.1116	0.3938	0.5532	0.0482	0.1131	0.3929	0.5542	0.0456	0.1142	0.4332	0.5930
西藏	0.0072	0.0170	0.3306	0.3549	0.0129	0.0357	0.6727	0.7212	0.0135	0.0438	0.6531	0.7104
云南	0.1146	0.1430	0.2670	0.5245	0.1501	0.1521	0.2900	0.5922	0.1522	0.1661	0.3353	0.6536
浙江	0.0193	0.0378	0.0129	0.0700	0.0179	0.0406	0.0153	0.0739	0.0292	0.0479	0.0186	0.0957
重庆	—	—	—	—	0.0098	0.0222	0.0132	0.0453	0.0090	0.0292	0.0190	0.0572

3.3.2　工程区防护林的植被碳储量

从工程实施前（1984～1988 年）到第七次森林清查（2004～2008 年），工程区各省（自治区、直辖市）的防护林面积迅速增加。19 个省（自治区、直辖市）的防护林总面积由 $1.069\times10^7\,\mathrm{hm^2}$ 增加至 $4.642\times10^7\,\mathrm{hm^2}$。其中，幼龄防护林面积由 $0.271\times10^7\,\mathrm{hm^2}$ 增加至 $1.736\times10^7\,\mathrm{hm^2}$，中龄防护林面积由 $0.273\times10^7\,\mathrm{hm^2}$ 增加至 $1.277\times10^7\,\mathrm{hm^2}$，成熟防护林面积由 $0.525\times10^7\,\mathrm{hm^2}$ 增加至 $1.629\times10^7\,\mathrm{hm^2}$。防护林在各林种中所占的比例明显上升。甘肃、贵州、湖北、陕西、四川、西藏、重庆等省（自治区、直辖市）的森林中，防护林比例已经超过各自森林总量的一半（表 3-6～表 3-9）。

表 3-6　工程实施前（1984～1988 年）各省（自治区、直辖市）的防护林面积、
　　　　蓄积量占该省（自治区、直辖市）总森林的比例　　　　（单位:%）

省（自治区、直辖市）	总面积比例	总蓄积量比例	幼龄林面积比例	幼龄林蓄积量比例	中龄林面积比例	中龄林蓄积量比例	成熟林面积比例	成熟林蓄积量比例
安徽	22.4	26.2	13.4	27.6	37.7	30.5	5.3	3.9
甘肃	40.4	29.9	40.7	25.2	39.4	31.1	41.2	30.1
广东	3.7	5.1	3.0	0.7	3.0	3.1	9.2	12.8
广西	15.7	22.8	4.4	5.2	11.8	8.4	27.6	29.6
贵州	11.8	20.1	6.9	13.0	16.3	23.2	23.3	23.0
河南	27.6	35.9	22.2	23.8	33.1	34.3	54.7	57.7
湖北	12.0	15.1	11.4	12.4	9.0	8.8	26.3	27.7
湖南	4.2	6.6	4.4	4.9	3.4	6.1	5.1	8.5
江苏	28.6	32.5	33.3	34.2	26.7	33.9	21.7	28.3
江西	4.4	3.1	4.4	1.9	3.6	3.6	6.6	3.0
青海	88.6	89.1	76.4	80.2	92.7	91.6	91.0	89.5
山东	64.8	45.9	67.6	47.4	61.3	49.2	31.3	27.2
陕西	27.3	25.3	13.5	17.9	29.7	24.8	0.0	0.0
上海	72.7	64.2	72.2	65.4	75.0	61.8	—	71.1
四川	34.4	41.6	17.8	19.8	25.3	29.5	48.3	44.7

省（自治区、直辖市）	总面积比例	总蓄积量比例	幼龄林面积比例	幼龄林蓄积量比例	中龄林面积比例	中龄林蓄积量比例	成熟林面积比例	成熟林蓄积量比例
西藏	12.4	10.8	—	—	—	—	12.4	10.8
云南	18.6	21.3	14.1	16.6	15.6	18.9	24.9	23.0
浙江	2.0	2.7	1.9	2.3	1.9	2.5	3.3	3.2
全国	14.2	17.3	10.5	10.7	12.8	12.4	20.8	21.2

表 3-7　工程实施前（1984～1988 年）各省（自治区、直辖市）的防护林面积及碳储量

省(自治区、直辖市)	幼龄林面积 /$10^3 hm^2$	中龄林面积 /$10^3 hm^2$	成熟林面积 /$10^3 hm^2$	面积合计 /$10^3 hm^2$	幼龄林碳储量/Pg	中龄林碳储量/Pg	成熟林碳储量/Pg	碳储量合计/Pg
安徽	132	258.3	4.9	395.2	0.0048	0.0084	0.0002	0.0133
甘肃	251.6	282.7	252.9	787.2	0.0042	0.0104	0.0123	0.0268
广东	57.5	48	43.2	148.7	0.0002	0.0016	0.0023	0.0041
广西	62.4	134.4	470.4	667.2	0.0010	0.0032	0.0234	0.0276
贵州	76.7	99.1	54.4	230.2	0.0032	0.0064	0.0032	0.0128
河南	187.9	91	62.3	341.2	0.0040	0.0038	0.0040	0.0119
湖北	197.7	105.1	83.3	386.1	0.0037	0.0035	0.0044	0.0116
湖南	96.2	38.4	25.6	160.2	0.0016	0.0023	0.0016	0.0055
江苏	29.9	24.8	7.6	62.3	0.0009	0.0014	0.0007	0.0030
江西	103.9	52.8	35.2	191.9	0.0006	0.0020	0.0007	0.0033
青海	43.1	100.2	87.2	230.5	0.0025	0.0060	0.0067	0.0152
山东	358.4	106	8.4	472.8	0.0042	0.0025	0.0006	0.0073
陕西	153.4	448	585.2	1186.6	0.0035	0.0150	0.0000	0.0184
上海	1.3	0.3	—	1.6	0.0008	0.0007	0.0008	0.0023
四川	491.3	587	2303.8	3382.1	0.0112	0.0274	0.1693	0.2078
西藏	—	—	385.6	385.6	—	—	0.0246	0.0246
云南	441.1	335.9	825.6	1602.6	0.0174	0.0228	0.0585	0.0987
浙江	29.1	16.9	12.1	58.1	0.0005	0.0007	0.0005	0.0017

表3-8　2004~2008年各省（自治区、直辖市）的防护林面积、蓄积量占该省

（自治区、直辖市）总森林的比例　　　　（单位:%）

省（自治区、直辖市）	面积合计比例	蓄积量合计比例	幼龄林面积比例	幼龄林蓄积量比例	中龄林面积比例	中龄林蓄积量比例	成熟林面积比例	成熟林蓄积量比例
安徽	28.9	25.9	33.9	29.5	25.3	24.4	28.3	26.7
甘肃	66.7	61.9	85.9	80.4	66.6	63.5	54.2	58.7
广东	27.4	27.9	29.5	35.6	28.4	30.2	19.0	15.7
广西	25.2	27.0	29.2	34.8	22.1	24.5	18.2	24.1
贵州	63.2	54.5	72.6	74.0	58.0	54.3	38.5	31.2
河南	48.6	44.5	51.8	51.0	43.1	40.6	45.6	39.3
湖北	69.9	71.5	74.0	81.2	67.4	72.0	53.9	54.5
湖南	36.1	32.2	45.0	35.3	32.1	28.3	31.7	35.4
江苏	23.0	22.5	25.1	20.8	22.2	24.0	17.5	21.9
江西	46.8	42.0	63.4	61.3	40.7	42.8	14.1	21.9
青海	35.2	29.1	44.6	34.6	35.1	34.1	31.7	25.5
山东	42.9	31.8	35.3	21.2	52.0	35.9	73.7	64.8
陕西	67.2	65.6	64.6	56.5	66.8	68.2	69.1	65.5
上海	26.2	42.9	22.7	29.9	35.8	47.6	36.4	46.1
四川	63.8	74.6	57.5	54.4	56.5	63.6	69.3	77.5
西藏	69.5	66.2	71.6	64.8	66.5	62.4	69.8	66.4
云南	39.8	38.9	41.0	38.7	36.1	36.3	41.2	40.0
浙江	39.8	36.2	47.7	50.0	36.1	35.6	29.3	25.5
重庆	63.9	59.6	67.4	64.8	64.0	56.4	60.1	61.7
全国	52.7	55.0	54.1	52.2	49.3	49.7	54.6	58.1

表3-9　2004~2008年各省（自治区、直辖市）的防护林面积及碳储量

省（自治区、直辖市）	幼龄林面积 /$10^3 hm^2$	中龄林面积 /$10^3 hm^2$	成熟林面积 /$10^3 hm^2$	面积合计 /$10^3 hm^2$	幼龄林生物量碳储量/Pg	中龄林生物量碳储量/Pg	成熟林生物量碳储量/Pg	碳储量合计/Pg
安徽	333.7	317.2	132.3	783.2	0.0048	0.0101	0.0046	0.0195
甘肃	484.3	471.2	468	1423.5	0.0095	0.0191	0.0278	0.0564
广东	1021.9	628.4	211.1	1861.4	0.0192	0.0237	0.0062	0.0492
广西	1191.4	653.4	187.5	2032.3	0.0264	0.0286	0.0113	0.0662

续表

省(自治区、直辖市)	幼龄林面积/$10^3 hm^2$	中龄林面积/$10^3 hm^2$	成熟林面积/$10^3 hm^2$	面积合计/$10^3 hm^2$	幼龄林生物量碳储量/Pg	中龄林生物量碳储量/Pg	成熟林生物量碳储量/Pg	碳储量合计/Pg
贵州	1466.6	871	176.3	2513.9	0.0310	0.0305	0.0062	0.0677
河南	880.9	364	132.6	1377.5	0.0178	0.0125	0.0051	0.0354
湖北	2338.9	879.8	329.5	3548.2	0.0491	0.0302	0.0120	0.0913
湖南	1033.9	1015	573.2	2622.1	0.0119	0.0260	0.0201	0.0580
江苏	98.8	50.5	21.6	170.9	0.0015	0.0021	0.0010	0.0046
江西	2061.1	1395.4	140.8	3597.3	0.0344	0.0520	0.0074	0.0939
青海	28.3	43.4	53.2	124.9	0.0006	0.0020	0.0024	0.0050
山东	386.2	148.7	134.2	669.1	0.0047	0.0036	0.0043	0.0125
陕西	972.2	1046.1	1794.2	3812.5	0.0129	0.0341	0.0777	0.1247
上海	5.7	2.4	0.8	8.9	0.0001	0.0001	0.0000	0.0003
四川	1210	1723.5	4505.1	7438.6	0.0248	0.0726	0.3357	0.4331
西藏	420.7	603.6	4824.1	5848.4	0.0087	0.0274	0.4337	0.4697
云南	2313.1	1425.1	2116.4	5854.6	0.0589	0.0602	0.1340	0.2532
浙江	785.3	593.4	189.5	1568.2	0.0146	0.0171	0.0048	0.0364
重庆	328.7	534.2	299.6	1162.5	0.0058	0.0165	0.0117	0.0340

根据各省（自治区、直辖市）、各龄组的防护林比例估算得到的防护林生物量碳储量的结果显示，工程区涉及的 19 个省（自治区、直辖市）的生物量总碳储量由工程实施前的 0.496Pg 增加至 1.911Pg，增量为 1.415Pg，平均增速为 70.76Tg/a。四川（包括重庆）、湖北、湖南、贵州、江西、广西等省（自治区、直辖市）的生物量碳增量分别为 0.259Pg、0.080Pg、0.053Pg、0.055Pg、0.091Pg、0.039Pg，平均增速分别为 12.97Tg/a、3.99Tg/a、2.63Tg/a、2.75Tg/a、4.53Tg/a、1.93Tg/a（表 3-7、表 3-9）。

3.3.3 工程新营造林的植被固碳量

假定 1990～2010 年长江、珠江流域防护林体系建设工程的工程新营造林全部处于幼龄林阶段，估算得到的总生物量碳储量为 0.1943Pg。其中四川、云南、湖北、江西、贵州、陕西等省份的生物量碳储量较高，分别为 29.13Tg、27.59Tg、23.87Tg、23.52Tg、17.48Tg、17.31Tg。这 6 个省的生物量碳储量占总工程的 71.5%（表 3-10）。

表 3-10　1990～2010 年长江、珠江流域防护林体系建设工程的工程新营造林的
固碳量（假定全部为幼龄林）　　　　　　（单位：Tg）

省（自治区、直辖市）	全部为幼龄林	省（自治区、直辖市）	全部为幼龄林	省（自治区、直辖市）	全部为幼龄林
安徽	3.74	湖南	9.20	四川	29.13
甘肃	8.75	江苏	1.52	西藏	1.28
广东	0.95	江西	23.52	云南	27.59
广西	5.29	青海	4.04	浙江	3.32
贵州	17.48	山东	3.21	重庆	4.88
河南	9.22	陕西	17.31		
湖北	23.87	上海	0.04		

假定 1990～2010 年长江、珠江流域防护林体系建设工程的工程新营造林全部处于中龄林阶段，总的生物量碳储量为 0.3557Pg。其中四川、江西、云南、湖北、陕西、贵州等省份的生物量碳储量分别为 50.4Tg、48.25Tg、42.99Tg、40.15Tg、36.48Tg、31.51Tg（表 3-11）。

表 3-11　1990～2010 年长江、珠江流域防护林体系建设工程的
工程新营造林（假定全部为中龄林）　　　　　（单位：Tg）

省（自治区、直辖市）	全部为中龄林	省（自治区、直辖市）	全部为中龄林	省（自治区、直辖市）	全部为中龄林
安徽	7.39	湖南	18.24	四川	50.40
甘肃	17.67	江苏	3.14	西藏	2.70
广东	2.16	江西	48.25	云南	42.99
广西	11.24	青海	6.76	浙江	5.45
贵州	31.51	山东	5.44	重庆	9.24
河南	16.43	陕西	36.48		
湖北	40.15	上海	0.10		

3.4 讨　论

　　本研究的结果表明，长江、珠江流域防护林体系建设工程实施以来，工程涉及的 19 个省（自治区、直辖市）的森林生物量碳库显著提高。从工程实施前（1984～1988 年）到第七次森林清查（2004～2008 年），19 个省（自治区、直辖市）的森林生物量总碳增量为 1.39Pg，而防护林生物量总碳增量为 1.415Pg。防护林作为一个林种，其增量超过了防护林、用材林、薪炭林、特种用途林 4 个林种总增量之和，说明其他三个林种的总量之和为负增长。主要的原因是在自然灾害与经济发展的驱动下，20 世纪 80 年代末至 90 年代初中国出现了森林转型（forest transition），而且森林的主要用途也发生了转换，即由原来的以获取木材、薪炭为主要目的转换为以获取生态防护功能为主要目的（Zhang et al., 2017）。因此，防护林的比例大幅度提高，在许多省（自治区、直辖市），如甘肃、贵州、湖北、陕西、四川、西藏、重庆等，防护林的比例已经超过其森林总量的一半。大量的其他林种转变为防护林，因此，防护林的碳储量大幅提高，而其他林种的碳储量的总和可能下降。

　　工程区碳密度、碳储量的增加，说明了长江、珠江流域防护林体系建设工程的成效显著。从 2004～2008 年森林清查资料估算的生物量碳密度值可以看出，目前的生物量碳密度仍然处于相对较低的水平。因为绝大部分省份，如安徽、广东、湖北、湖南、江苏、浙江、山东、江西、重庆等，其成熟林碳密度均低于 $40t/hm^2$。考虑到森林的生物量密度可以在一定程度上表征森林的质量，碳密度低说明目前工程区的森林质量仍比较差，同时也说明工程区的森林仍具有较大的固碳潜力。根据第七次森林清查资料估算的结果显示，48% 的生物量碳存储于幼龄林、中龄林中。防护林中，幼龄林的面积为 $1.736×10^7hm^2$，中龄林的面积为 $1.277×10^7hm^2$，而成熟林的面积为 $1.629×10^7hm^2$，中幼龄防护林的面积比例为 64.9%。这主要是由于长江、珠江流域防护林体系建设工程实施以前，工程区的森林破坏十分严重。经过多年植树造林、封山育林，目前工程区的森林仍以中幼龄林为主。不过可以预期，随着幼龄林、中龄林碳储量和碳密度的增长，工程区森林植被的碳汇功能将进一步增强。

　　根据造林时间，长江、珠江流域防护林体系建设工程 1990～2010 年新营造工程林应处于幼龄林阶段或中龄林阶段。根据工程面积，我们估算这部分工程新营造林的固碳量为 0.1943 ~ 0.3557Pg，占 1984 ~ 2008 年工程所涉及的 19 个省（自治区、直辖市）固碳量总和的 14% ~ 26%。工程所涉及的 19 个省（自治区、直辖市）中，西藏、青海、甘肃、陕西、河南、山东、江苏、安徽、浙江、广东、云南等只有部分区域处于工程范围内，因此新营造工程林的固碳量占 19 个省（自治区、直辖市）固碳总量的比例尚不到 30%。不过，随着新营造工程林的生长成熟，以及第三期工程的建设，可以预期，长江、珠江流域防护林将是一个可观的碳汇。

第 4 章 工程的固碳效应

4.1 引　言

自工业革命以来，人类生产、生活驱动的化石燃料使用、水泥生产、土地利用/覆被变化等使原本已被封存于岩石圈、化石燃料、陆地生态系统中的碳元素被活化，重新参与到地球系统的碳循环之中，导致大气中 CO_2 等温室气体浓度升高、大气层的温室效应增强（IPCC，2007；于贵瑞等，2011a）。如何减少人类活动导致的 CO_2 排放、增加 CO_2 的固持和封存（sequestration and storage），是当今科技界及政策制定者关注的焦点问题之一（Houghton et al.，1999；Piao et al.，2009）。

森林在全球碳平衡、调节未来大气 CO_2 增加的速率方面起着至关重要的作用，因为森林既可作为"碳汇"，也可充当"碳源"，而"碳源"与"碳汇"状态取决于森林的动态与管理（Galatowitsch，2009；Fahey et al.，2010）。陆地生态系统是目前全球的主要碳汇（每年约 10 亿 t C），这个碳汇主要表征着森林碳的积累与热带地区毁林所排放的 CO_2 之间的差值（Fahey et al.，2010）。森林在全球碳循环中的重要作用至少体现在以下两个方面（Canadell and Raupach，2008）：一方面，全球森林通过净生长每年约吸收 3Pg C，约占人类活动每年释放 CO_2 总量（化石燃料的燃烧与净毁林）的 30%。森林每年固定的碳约占整个陆地生态系统的 2/3（Kramer，1981；刘国华等，2000）。另一方面，全世界森林的生物质中储存了 2890 亿 t C（FAO，2010；图 4-1），占全球植被碳库的 86% 以上。而且，森林也维持着巨大的土壤碳库，全球森林土壤碳储量为 $0.925 \times 10^{12} \sim 2.775 \times 10^{12}$ t（Woodwell et al.，1978），占全球土壤碳总量的 70% 以上（Laganière et al.，2010）。

可持续发展的管理措施、植树和封山育林等恢复措施能够保持或增加森林的碳储量（Fang et al.，2001）。而森林的砍伐、退化和管理不善则能导致碳储量减

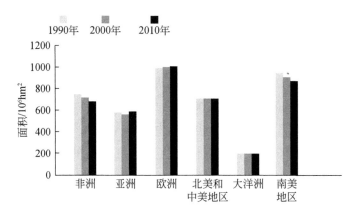

图 4-1 1990～2010 年世界森林面积的变化趋势（FAO，2010）

少（FAO，2010；图 4-1）。2005 年以来，全球森林生物质中的碳储量每年减少约 5 亿 t，主要原因是森林面积的减少（FAO，2010）。20 世纪 90 年代，毁林速率为每年约 1600 万 hm^2，之后毁林速率有所减缓，下降到每年约 1300 万 hm^2（FAO，2010）。2000～2010 年，南美地区和非洲森林损失最为严重，大洋洲森林面积也有所减少，北美和中美地区森林面积基本保持稳定，欧洲的森林面积有所扩大，而亚洲则实现了每年 220 万 hm^2 的净增长，中国、印度、越南的大规模植树活动被认为是近年来森林面积扩大的主要原因（FAO，2010）。目前，世界森林面积略高于 40 亿 hm^2，占全球陆地总面积的 31%。原生林占森林总面积的 36%，但是自 2000 年以来已减少了 4000 余万公顷。全球人工林面积估计为 2.64 亿 hm^2，占森林总面积的 7%。2005 年以来，人工林面积每年增加约 500 万 hm^2（FAO，2010）。

通过林业活动来抵消碳排放的策略主要有四种（Canadell and Raupach，2008）：①增加森林面积；②在立地与景观尺度上增加现有森林的碳密度；③开发利用森林产品替代化石燃料；④减少毁林及退化所造成的 CO_2 释放。研究表明人工造林与森林的自然恢复能提高陆地生态系统的碳汇功能。例如，广东省 1986～1998 年，植被覆盖率从 26% 提高到 51%，新造林绿化的植被每年可吸收、固定广东省年排放 CO_2 量的一半（彭少麟和陆宏方，2003）。Fang 等（2001）提出从 20 世纪 70 年代末到 1998 年，中国森林生物量碳储量从 4.38Pg 增加到 4.75Pg，平均每年积累 0.021Pg，而且这个增长主要是人工林的贡献。

1989 年，世界最大能源公司之一的"应用能源服务"公司（Applied Energy Services，AES）在危地马拉（Guatemala）提供 200 万美元用于造林以减缓其因化石燃料燃烧排放的 CO_2 的影响。因而 AES 成为世界上第一例碳市场的投资者（Niemeier and Rowan，2009）。经过多年发展，目前世界碳贸易市场贸易额已增至 1200 亿美元/年（Galatowitsch，2009）。"碳贸易"与"碳汇林业"受到了政策制定者、管理者及民众的关注，也为森林的恢复带来了前所未有的机遇。但是，对于碳贸易的市场方案能否以促进生态系统恢复的方式来制定仍不明确（Galatowitsch，2009）。森林能抵消多少 CO_2、用什么样的方式来抵消、如何核算等仍是"碳贸易"与"碳汇林业"目前面临的难题（Canadell and Raupach，2008）。

长江、珠江流域防护林体系建设工程自 1989 年启动以来，目前已经顺利完成第一期、第二期工程。虽然工程的设计和实施不是以增加碳汇为首要目的，但随着防护林的生长，新营造工程林的碳汇效应将日益明显。评估工程林的碳汇效应及工程的增汇贡献，将为防护林的经营管理、气候谈判及减排措施的制定提供科学依据。本研究基于林业统计数据、文献数据及样地调查数据，系统评估 1990~2010 年新营造工程林的碳汇效应及增汇贡献。

4.2   材料和方法

4.2.1   新营造工程林的类型及比例估算

统计资料中只有各工程类型（人工造林、飞播造林、封山育林）的面积，没有森林类型的划分及各类型的比例。根据经验及野外调查，人工造林工程主要是形成人工林（飞播造林的工程面积较小，也归入人工林统一计算）。而封山育林工程主要是形成天然林。对于工程的成林面积，人工造林工程按 90.2% 的成林比例换算，飞播造林、封山育林工程则以 66%~70% 的成林比例进行估算（吴庆标等，2008）。人工林、天然林分别分成阔叶林、针叶林、针阔混交林三种林型进行统计，即人工阔叶林、人工针叶林、人工针阔混交林、天然阔叶林、天然针叶林、天然针阔混交林。人工林的面积（A）为人工造林和飞播造林工程措施的面积乘以各自的成林比例。天然林的面积（M）为封山育林工程的面积乘以成林比例。

根据第七次全国森林清查资料（2004～2008年）各省份、各林型的面积来确定各省份阔叶林、针叶林、混交林的比例。根据工程实施时间（1990～2010年）推断，主要的新营造林尚处于中幼龄林阶段。因此，根据第七次全国森林清查资料，将工程涉及的各省份的幼龄林、中龄林的面积相加，然后将各省份的所有树种归并为三类林型，即阔叶林、针叶林、混交林。最后根据三种林型的中幼龄林面积计算其在该省份所占的比例（对于某一个省份，三种林型的比例之和等于1）。本研究中假定各省份的三种林型中幼龄林面积比例能代表各省份新营造工程林各林型的面积比例。天然阔叶林、天然针叶林、天然针阔混交林的比例分别用 K_{N1}、K_{N2}、K_{N3} 代表，人工阔叶林、人工针叶林、人工针阔混交林的比例分别用 J_{P1}、J_{P2}、J_{P3} 代表。

4.2.2 新营造工程林的碳储量增量

新营造工程林碳储量增量包括生物量碳（包括植被碳、凋落物碳）储量与土壤碳储量的增量。某一省份新营造工程林碳储量增量计算方法如下：

$$C_a = C_t - C_0 \tag{4-1}$$

$$C_t = C_{Bt} + C_{St} = C_{VBt} + C_{LBt} + C_{St} = (C_{NVBt} + C_{NLBt} + C_{NSt}) + (C_{PVBt} + C_{PLBt} + C_{PSt}) \tag{4-2}$$

$$C_0 = C_{B0} + C_{S0} = C_{VB0} + C_{LB0} + C_{S0} = (C_{NVB0} + C_{NLB0} + C_{NS0}) + (C_{PVB0} + C_{PLB0} + C_{PS0}) \tag{4-3}$$

$$V_a = C_a / \Delta t \tag{4-4}$$

式中，C_a 为某省份新营造工程林到2010年的碳储量增量；C_t 为该省份新营造工程林到2010年的碳储量；C_{Bt} 为该省份新营造工程林到2010年的生物量碳储量（C_{VBt} 为植被碳储量，C_{LBt} 为凋落物碳储量）；C_{St} 为该省份新营造工程林到2010年的土壤碳储量；C_{NVBt}、C_{NLBt}、C_{NSt} 分别为天然林（N）的 C_{VBt}、C_{LBt}、C_{St}；C_{PVBt}、C_{PLBt}、C_{PSt} 分别为人工林（P）的 C_{VBt}、C_{LBt}、C_{St}；C_0 为工程实施前该省份工程实施地的初始碳储量；C_{B0} 为工程实施前该省份工程实施地的初始生物量碳储量（C_{VB0} 为初始植被碳储量，C_{LB0} 为初始凋落物碳储量）；C_{S0} 为工程实施前该省份工程实施地的土壤初始碳储量；C_{NVB0}、C_{NLB0}、C_{NS0} 分别为天然林（N）的 C_{VB0}、C_{LB0}、C_{S0}；C_{PVB0}、C_{PLB0}、C_{PS0} 分别为人工林（P）的 C_{VB0}、C_{LB0}、C_{S0}；V_a 为时间间隔 Δt 内的平均固碳速率。

　　由于人工造林工程在造林前普遍采取整地、除草、火烧炼山等措施，而且许多样地造林前植被非常稀少，如退耕地造林、裸地造林。因此，本研究将人工林的 C_{VB0} 与 C_{LB0} 值视为 0（即 C_{PVB0} 与 C_{PLB0} 取值为 0）。本研究的天然林主要由封山育林样地发展而来。工程实施前，封山育林工程的实施地往往有一定植被基础。根据经验，假定在实施工程前，封山育林样地的植被处于灌丛阶段。我们用调查的灌丛样地数据（大致时间为 2011～2013 年）作为替代数据，即假设封山育林样地在工程实施前植被的碳密度与目前工程区灌丛植被的碳密度类似。对某省份的 C_{NVB0}、C_{NLB0}、C_{NS0}、C_{PVB0}、C_{PLB0}、C_{PS0} 计算如下：

$$C_{NVB0} = H_b \times M; C_{NLB0} = H_1 \times M; C_{NS0} = F_n \times M \tag{4-5}$$

$$C_{PVB0} = 0; C_{PLB0} = 0; C_{PS0} = F_p \times A \tag{4-6}$$

式中，C_{NVB0}、C_{NLB0}、C_{NS0} 分别为某省份天然林（N）的初始植被碳储量、初始凋落物碳储量、初始土壤碳储量；H_b、H_1、F_n 分别为某省份天然林（N）样地的初始植被碳密度（用工程区的灌丛植被碳密度替代）、初始凋落物碳密度（用工程区的灌丛凋落物碳密度替代）、初始平均碳密度；M 为工程中天然林的面积；C_{PVB0}、C_{PLB0}、C_{PS0} 分别为某省份人工林（P）样地的初始植被碳储量、初始凋落物碳储量、初始土壤碳储量；F_p 为人工林初始平均碳密度（根据全国第二次土壤普查的结果及森林实测结果计算得到）；A 为工程中人工林的面积。

　　对于初始碳密度 F_n、F_p，本研究根据全国第二次土壤普查（1979～1985 年）的结果及野外森林调查实测结果计算得到。具体计算方法如下：首先根据野外森林调查中幼龄林样地（工程实施后）的经纬度，利用 GIS 平台生成点图层（图 4-2）。对于工程区某一天然林样地 i，其土壤碳密度为 F_{ni2012}；工程区某一人工林样地 w，其土壤碳密度为 F_{pw2012}。将点图层与"1：400 万中国土壤有机碳储量分布图"（数据来源于地球系统科学数据共享网；解宪丽，2004）进行叠加分析，从而获得调查样点在全国第二次土壤普查时期（1979～1985 年）的本底值 F_{ni1982}、F_{pw1982}。假定从全国第二次土壤普查（1979～1985 年）到野外调查（2011～2013 年）期间，对于某一个样地（i 或 w），其土壤碳密度为线性匀速变化（即斜率为土壤碳变化速率），因此对于某一样地，可以根据 F_{ni1982}（或 F_{pw1982}）和 F_{ni2012}（或 F_{pw2012}）两个值，估算该样地在工程开始时（1989 年）的初始碳密度值，即 F_{ni1989}（或 F_{pw1989}）。

$$F_{ni1989} = F_{ni1982} + (1989-1982) \times (F_{ni2012} - F_{ni1982}) / (2012-1982) \qquad (4-7)$$

$$F_{pw1989} = F_{pw1982} + (1989-1982) \times (F_{pw2012} - F_{pw1982}) / (2012-1982) \qquad (4-8)$$

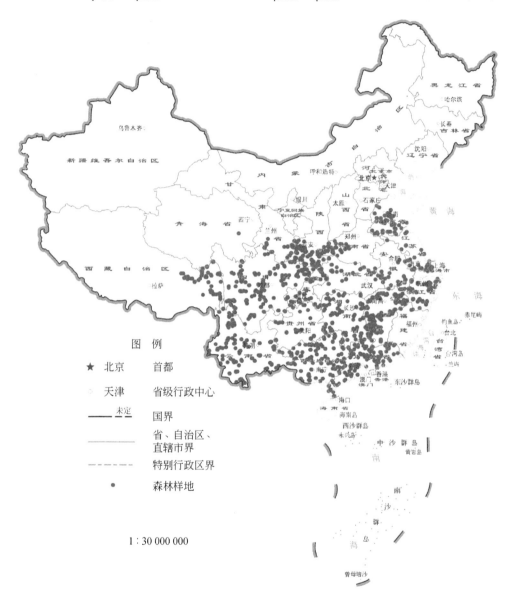

图 4-2 森林样点分布

最后根据每个省份的所有样地 i 或 w，求得各省份的初始平均碳密度 F_n（即该省份 F_{ni1989} 的平均值）、F_p（即该省份 F_{pw1989} 的平均值）。

C_{NVBt}、C_{NLBt}、C_{NSt}、C_{PVBt}、C_{PLBt} 与 C_{PSt} 的数值根据大规模野外森林调查数据（幼龄林、中龄林样地）来计算：

$$C_{NVBt} = B_{N1} \times K_{N1} \times M + B_{N2} \times K_{N2} \times M + B_{N3} \times K_{N3} \times M \tag{4-9}$$

$$C_{NLBt} = L_{N1} \times K_{N1} \times M + L_{N2} \times K_{N2} \times M + L_{N3} \times K_{N3} \times M \tag{4-10}$$

$$C_{NSt} = S_{N1} \times K_{N1} \times M + S_{N2} \times K_{N2} \times M + S_{N3} \times K_{N3} \times M \tag{4-11}$$

$$C_{PVBt} = B_{P1} \times J_{P1} \times A + B_{P2} \times J_{P2} \times A + B_{P3} \times J_{P3} \times A \tag{4-12}$$

$$C_{PLBt} = L_{P1} \times J_{P1} \times A + L_{P2} \times J_{P2} \times A + L_{P3} \times J_{P3} \times A \tag{4-13}$$

$$C_{PSt} = S_{P1} \times J_{P1} \times A + S_{P2} \times J_{P2} \times A + S_{P3} \times J_{P3} \times A \tag{4-14}$$

式中，C_{NVBt}、C_{NLBt}、C_{NSt} 分别为某省份天然林的植被碳储量、凋落物碳储量、土壤碳储量；C_{PVBt}、C_{PLBt}、C_{PSt} 分别为某省份人工林的植被碳储量、凋落物碳储量、土壤碳储量；B_{N1}、B_{N2}、B_{N3} 分别为某省份天然阔叶林、天然针叶林、天然混交林的植被碳密度；L_{N1}、L_{N2}、L_{N3} 分别为某省份天然阔叶林、天然针叶林、天然混交林的凋落物碳密度；S_{N1}、S_{N2}、S_{N3} 分别为某省份天然阔叶林、天然针叶林、天然混交林的土壤碳密度；K_{N1}、K_{N2}、K_{N3} 分别为某省份天然阔叶林、天然针叶林、天然混交林的面积比例；M 为某省份工程中天然林的面积；B_{P1}、B_{P2}、B_{P3} 分别为某省份人工阔叶林、人工针叶林、人工混交林的植被碳密度；L_{P1}、L_{P2}、L_{P3} 分别为某省份人工阔叶林、人工针叶林、人工混交林的凋落物碳密度；S_{P1}、S_{P2}、S_{P3} 分别为某省份人工阔叶林、人工针叶林、人工混交林的土壤碳密度；J_{N1}、J_{N2}、J_{N3} 分别为某省份人工阔叶林、人工针叶林、人工混交林的面积比例；A 为某省份工程中人工林的面积。

4.2.3 工程的增汇贡献

在本研究中，将工程内与工程外碳储量之差定义为工程的增汇贡献。在没有人工造林的工程外区域，由于放牧、刈割等干扰因素依然存在，植被主要处于草本植物阶段（主要为荒草地）。而对于封山育林工程的工程外样地（即对照样地），由于樵采、放牧等，植被多处于灌丛阶段。因此，对于新营造工程林中的人工林，本研究用野外草地调查样地的平均碳密度来作为工程外的碳密度均值（图4-3）。对于新营造工程林中的天然林，本研究用野外灌丛调查样地的平均碳密度来作为工程外的碳密度均值（图4-3）。对于某一省份工程的增汇贡献计算如下。

图4-3 灌丛、草地样点分布

$$C_z = C_t - C_c \qquad (4\text{-}15)$$

$$
\begin{aligned}
C_t &= C_{Bt} + C_{St} \\
&= C_{VBt} + C_{LBt} + C_{St} \\
&= (C_{NVBt} + C_{NLBt} + C_{NSt}) + (C_{PVBt} + C_{PLBt} + C_{PSt})
\end{aligned} \qquad (4\text{-}16)
$$

$$
\begin{aligned}
C_c &= C_{Bc} + C_{Sc} \\
&= C_{VBc} + C_{LBc} + C_{Sc} \\
&= (C_{NVBc} + C_{NLBc} + C_{NSc}) + (C_{PVBc} + C_{PLBc} + C_{PSc}) \\
&= (H_{VB} + H_{LB} + H_S) \times M + (G_{VB} + G_{LB} + G_S) \times A
\end{aligned} \qquad (4\text{-}17)
$$

$$V_z = C_z / \Delta t \qquad (4\text{-}18)$$

式中，C_z 为某省份的工程增汇贡献；C_t 为该省份新营造工程林到 2010 年的碳储量，即工程内碳储量（关于 C_t 的计算方法同 4.2.2 节）；C_c 为假定没有实施工程的情况下工程内的碳储量，数值上等于工程外（对照）碳储量；C_{Bc}、C_{Sc} 分别为工程外的生物量碳储量（包括植被碳储量 C_{VBc} 和凋落物碳储量 C_{LBc}）、土壤碳储量；$C_{NVBc} + C_{NLBc} + C_{NSc}$ 为封山育林（天然林）的对照样地碳储量；$C_{PVBc} + C_{PLBc} + C_{PSc}$ 为人工造林（人工林）的对照样地碳储量；H_{VB}、H_{LB}、H_S 分别为该省份灌丛样地的平均植被碳密度、凋落物碳密度、土壤碳密度；G_{VB}、G_{LB}、G_S 分别为该省份草地样地的平均植被碳密度、凋落物碳密度、土壤碳密度；M 为某省份工程中天然林的面积；A 为某省份工程中人工林的面积；V_z 为时间间隔 Δt 内的平均增汇速率。

4.3　结果分析

4.3.1　新营造工程林的碳储量

1990～2010 年新营造工程林的生物量碳（包括植被碳、凋落物碳）储量为 279.92Tg，其中人工林为 155.55Tg、天然林为 124.37Tg（表 4-1）。人工林中，阔叶林为 80.25Tg、针叶林为 65.36Tg、针阔混交林为 9.94Tg。天然林中，阔叶林、针叶林、针阔混交林分别为 45.50Tg、68.24Tg、10.63Tg。湖北、江西、四川、陕西、云南、贵州 6 个省份的工程林生物量碳储量最高，分别为 57.27Tg、43.94Tg、31.71Tg、30.44Tg、22.90Tg、20.15Tg。6 个省份的工程林生物量碳储量占工程总生物量碳储量的 73.7%。从地区分布来看，中南地区最高，为 92.58Tg，西南、华东、西北地区分别为 80.67Tg、62.01Tg、44.66Tg。

表 4-1 1990～2010 年长江、珠江流域防护林体系建设工程新营造林的
植被生物量碳、土壤碳储量   （单位：Tg）

省（自治区、直辖市）	人工林生物量碳	人工林 0～20cm 土壤碳	人工林 0～100cm 土壤碳	天然林生物量碳	天然林 0～20cm 土壤碳	天然林 0～100cm 土壤碳
安徽	3.78	9.30	12.67	1.49	4.78	6.72
甘肃	5.66	18.75	37.36	3.23	6.61	12.55
广东	1.25	1.87	4.93	1.02	1.64	4.48
广西	3.58	5.82	15.11	5.57	7.33	21.41
贵州	10.89	26.54	84.93	9.26	21.14	55.55
河南	6.48	15.84	26.49	3.21	6.31	11.86
湖北	29.00	27.66	72.35	28.27	20.03	52.31
湖南	7.24	13.67	37.14	6.96	10.56	27.60
江苏	3.38	4.36	9.90	0.07	0.08	0.13
江西	16.64	18.31	58.30	27.30	30.09	98.07
青海	0.26	0.58	1.01	5.07	13.65	53.93
山东	2.62	7.95	16.58	0.33	0.82	1.71
陕西	23.24	28.28	69.25	7.20	11.64	26.57
上海	0.08	0.12	0.38	0.00	0.00	0.00
四川	21.00	57.42	149.36	10.71	26.34	63.92
西藏	1.17	3.07	5.63	0.17	0.44	0.80
云南	16.06	28.53	90.87	6.84	19.46	75.16
浙江	1.07	1.01	2.25	5.25	5.51	12.36
重庆	2.15	3.09	8.86	2.42	3.27	9.11

1990～2010 年新营造工程林 0～20cm 土壤的碳储量为 461.87Tg，0～100cm 土壤的碳储量为 1237.61Tg。四川、江西、云南、湖北、贵州、陕西的工程林 0～20cm 土壤碳储量最高，土壤碳储量分别为 83.76Tg、48.40Tg、47.99Tg、

47.69Tg、47.68Tg、39.92Tg，0～100cm 土壤碳储量分别为 213.28Tg、156.37Tg、166.03Tg、124.66Tg、140.48Tg、95.82Tg。华东、中南、西南、西北地区 0～20cm 土壤碳储量分别为 82.33Tg、110.73Tg、189.30Tg、79.51Tg，0～100cm 土壤碳储量分别为 219.07Tg、273.68Tg、544.19Tg、200.67Tg。

4.3.2　新营造工程林的碳库变化

与工程实施前相比较，新营造工程林（1990～2010 年营造）生物量碳库的增量为 239.46Tg，0～20cm 土壤碳库的增量为 104.26Tg，0～100cm 土壤碳库的增量为 207.35Tg（表 4-2）。年均生物量固碳速率为 11.97Tg，0～20cm、0～100cm 土壤年均固碳速率为 5.21Tg、10.37Tg。湖北、江西、陕西、四川、云南、贵州等省份的生物量碳增量最高，分别为 48.94Tg、39.10Tg、29.86Tg、28.44Tg、15.79Tg、14.47Tg。华东、中南、西南、西北地区的生物量碳增量分别为 54.88Tg、79.83Tg、63.55Tg、41.20Tg；0～20cm 土壤碳库增量分别为 21.71Tg、17.86Tg、42.68Tg、22.01Tg；0～100cm 土壤碳库增量分别为 50.79Tg、12.76Tg、114.43Tg、29.37Tg。

表 4-2　工程实施前后工程区（1990～2010 年营造林）的植被生物量碳、土壤碳储量

（单位：Tg）

省（自治区、直辖市）	工程实施后森林样地碳储量			对照样地碳储量			工程实施前样地碳储量		
	生物量碳	0～20cm 土壤碳	0～100cm 土壤碳	生物量碳	0～20cm 土壤碳	0～100cm 土壤碳	生物量碳	0～20cm 土壤碳	0～100cm 土壤碳
安徽	5.27	14.08	19.39	1.95	2.95	7.58	0.83	8.59	19.85
甘肃	8.89	25.36	49.91	2.77	30.83	68.57	1.57	13.17	36.32
广东	2.27	3.51	9.41	0.44	0.83	1.80	0.14	2.20	6.10
广西	9.15	13.15	36.52	1.91	17.20	33.89	1.03	11.03	31.32
贵州	20.15	47.68	140.48	6.46	32.26	66.61	5.68	34.50	105.31
河南	9.69	22.15	38.35	2.91	6.94	18.39	0.86	14.85	35.39
湖北	57.27	47.69	124.66	12.85	28.24	82.76	8.33	43.95	129.80
湖南	14.20	24.23	64.74	3.32	13.70	25.40	2.39	20.84	58.31
江苏	3.45	4.44	10.03	0.50	0.64	1.78	0.00	2.80	7.13

续表

省（自治区、直辖市）	工程实施后森林样地碳储量			对照样地碳储量			工程实施前样地碳储量		
	生物量碳	0~20cm土壤碳	0~100cm土壤碳	生物量碳	0~20cm土壤碳	0~100cm土壤碳	生物量碳	0~20cm土壤碳	0~100cm土壤碳
江西	43.94	48.40	156.37	10.40	23.77	52.34	4.84	38.77	113.59
青海	5.33	14.23	54.94	1.40	14.24	51.47	1.31	8.72	29.86
山东	2.95	8.77	18.29	0.66	3.09	6.93	0.16	4.69	11.32
陕西	30.44	39.92	95.82	4.56	15.94	20.62	0.58	35.61	105.12
上海	0.08	0.12	0.38	0.02	0.02	0.05	0.00	0.10	0.32
四川	31.71	83.76	213.28	12.85	80.81	199.01	3.27	64.87	186.67
西藏	1.34	3.51	6.43	0.91	2.27	6.12	0.08	2.46	6.46
云南	22.90	47.99	166.03	8.68	30.73	59.30	7.11	36.15	107.00
浙江	6.32	6.52	14.61	1.52	3.23	4.97	1.30	5.67	16.07
重庆	4.57	6.36	17.97	2.24	5.34	16.28	0.98	8.64	24.32

4.3.3 工程的增汇贡献

通过与草地、灌丛相比较，工程的生物量增汇贡献为203.57Tg，年平均增汇速率为10.18Tg（表4-3）。从各省份来看，湖北、江西、陕西、四川、云南、贵州等省的生物量增汇贡献最大，分别为44.42Tg、33.54Tg、25.88Tg、18.86Tg、14.22Tg、13.69Tg。6个省份的工程生物量增汇贡献占工程总生物量增汇贡献的74%。从地区分布来看，华东、中南、西南、西北地区的生物量增汇分别为46.96Tg、71.15Tg、49.53Tg、35.93Tg。

0~20cm、0~100cm土壤碳库的增汇贡献分别为148.84Tg、513.74Tg，年均增汇速率分别为7.44Tg、25.69Tg（表4-3）。江西、陕西、湖北、云南、贵州、河南等省0~20cm土壤增汇贡献分别为24.63Tg、23.98Tg、19.45Tg、17.26Tg、15.42Tg、15.21Tg，六省土壤增汇贡献之和占工程总量的77.9%。不过，青海、广西、甘肃的0~20cm土壤增汇贡献量为负值，分别为-0.01Tg、-4.05Tg、-5.47Tg。从地区分布来看，华东地区0~20cm土壤增汇贡献最大，为48.63Tg，西南、中南、西北地区分别为37.89Tg、43.82Tg、18.50Tg。

表 4-3 工程区 (1990～2010 年营造林) 的碳库变化及增汇贡献

(单位: Tg)

省 (自治区、直辖市)	碳库变化			增汇贡献		
	生物量碳	0～20cm 土壤碳	0～100cm 土壤碳	生物量碳	0～20cm 土壤碳	0～100cm 土壤碳
安徽	4.44	5.49	-0.46	3.32	11.13	11.81
甘肃	7.32	12.19	13.59	6.12	-5.47	-18.66
广东	2.13	1.31	3.31	1.83	2.68	7.61
广西	8.12	2.12	5.20	7.24	-4.05	2.63
贵州	14.47	13.18	35.17	13.69	15.42	73.87
河南	8.83	7.30	2.96	6.78	15.21	19.96
湖北	48.94	3.74	-5.14	44.42	19.45	41.90
湖南	11.81	3.39	6.43	10.88	10.53	39.34
江苏	3.45	1.64	2.90	2.95	3.80	8.25
江西	39.10	9.63	42.78	33.54	24.63	104.03
青海	4.02	5.51	25.08	3.93	-0.01	3.47
山东	2.79	4.08	6.97	2.29	5.68	11.36
陕西	29.86	4.31	-9.30	25.88	23.98	75.20
上海	0.08	0.02	0.06	0.06	0.10	0.33
四川	28.44	18.89	26.61	18.86	2.95	14.27
西藏	1.26	1.05	-0.03	0.43	1.24	0.31
云南	15.79	11.84	59.03	14.22	17.26	106.73
浙江	5.02	0.85	-1.46	4.80	3.29	9.64
重庆	3.59	-2.28	-6.35	2.33	1.02	1.69

4.4 讨　论

本研究的结果表明，长江、珠江流域防护林体系建设工程的固碳效应明显：新营造工程林（1990～2010 年营造）生物量碳库的增量为 239.46Tg，0～20cm 土壤碳库的增量为 104.26Tg，0～100cm 土壤碳库的增量为 207.35Tg。生物量增汇贡献为 203.57Tg，0～20cm、0～100cm 土壤碳库的增汇贡献分别为 148.84Tg、513.74Tg。土壤的增汇贡献大于土壤碳库的增量，主要原因可能是由于工程区多处于水土流失比较严重的地区,如果没有防护林工程的实施,土壤碳储量可能因为水土流失的原因而继续减少,因而工程外的碳储量可能比基线值水平还要低。

本研究的结果表明,有些省份,如青海、广西、甘肃等,其土壤碳库的增汇贡献为负值。主要的原因可能有两个方面:一方面,由于工程实施时间不长,林地尚处于中幼龄林阶段,土壤碳库增量可能不及对照区的草地、灌丛植被下的土壤碳库增量。另一方面,由于土壤具有高异质性,对区域土壤碳密度的准确估算十分困难,而且土壤碳库变化(包括速率大小、正负变化趋势等)具有巨大的变异性(Zhang et al., 2010),因此,估算结果可能存在误差。

长江、珠江流域防护林体系建设工程的增汇效应支持了《京都议定书》所提出的"人类可以利用对陆地生态系统有效管理所提高的固碳潜力来抵减部分碳减排份额"(聂昊等,2011;IPPC,2001)。中国碳排放总量较大,面临着巨大的减排压力和挑战(Guan et al., 2012)。通过大型林业生态工程,增加森林碳储量、提高森林碳汇能力是目前中国政府落实固碳减排承诺的重要举措。本研究的结果表明,通过长江、珠江流域防护林体系建设工程的实施,能使工程区平均每年增加生物量碳 11.97Tg,0~20cm、0~100cm 土壤每年增加碳分别为 5.21Tg、10.37Tg。这一结果认证了通过林业生态工程增加区域碳汇的有效性,说明林业生态工程能为我国固碳减排目标的实现提供重要支撑。

目前,定量评估和认证某项生态工程的碳汇效益及增汇贡献仍是十分困难的工作(于贵瑞等,2011b)。本研究采用的是植被和土壤碳储量的生态学清查方法,主要数据来源是区域性的土壤普查、森林和草地资源清查等数据。这种清查法的优点是直接、明确和技术简单,但是清查法的观测周期长,通常需要几年到数十年的数据积累,才可能观测到植被和土壤碳的微弱变化(于贵瑞等,2011b)。而且,由于不同调查时期的样地设置、样品采集、测试分析统计等可能存在不同,因此清查法的结果可能会存在一定误差。如何降低生态工程固碳效应定量评估的不确定性,是未来进一步研究所面临的挑战。

第5章 ｜ 工程固碳潜力

5.1 引　言

森林是地球上的巨大碳库。据估计，全球森林以生物量的形式存储了约2890亿 t 碳（FAO，2010），占全球植被碳库总量的86%以上。而且，森林土壤也是重要的碳库。全球森林土壤碳储量为 $0.925\times10^{12}\sim2.775\times10^{12}$ t（Woodwell et al.，1978），占全球土壤总碳储量的70%以上（Laganière et al.，2010）。同时，森林通过光合作用固定 CO_2，通过呼吸作用释放 CO_2。据估计，全球森林通过净生长每年约吸收3PgC，约占每年人类活动所释放（化石燃料的燃烧与净毁林）CO_2总量的30%。因此，森林的碳通量是全球碳循环中的重要环节，对全球碳收支起着决定性作用。目前，森林生态系统每年固定的碳约占整个陆地生态系统的2/3（Kramer，1981；刘国华等，2000）。利用森林固定 CO_2，是实现固碳减排、应对气候变化的重要措施，具有成本低、效益高、见效快、可操作、易管理等优点（Zhang et al.，2017）。

在自然灾害与经济发展的驱动下，中国实施了一系列以增加森林植被为目标的重大生态工程（Zhang et al.，2017）。大规模的植树造林与森林恢复必定对区域或全球森林碳收支产生深远影响（Fang et al.，2001）。由于长江、珠江流域防护林体系建设工程的大部分工程区处在气候条件、土壤条件比较好的地区，因此，该工程区的森林生长相对较快。可以预见，长江、珠江流域防护林将极大地促进区域森林碳库储量的增加。估算长江、珠江流域防护林体系建设工程的固碳潜力，对评估重大生态工程的碳汇效益、制定合理的林业资源管理政策具有重要意义。

森林固碳潜力可以认为是某一给定时间段内，森林可能增加的碳储量（Roxburgh et al.，2006）。国内外学者提出了许多估算固碳潜力的方法，如连续清查（调查）法（Brown and Lugo，1984；Fang et al.，2001；Pan et al.，2011）、林分生长经验方程法（Chen et al., 2009）、空间代替时间法（Shi et al., 2009）、限制因子法（Zhou et al., 2002；Eggers et al., 2008）、模型模拟法（汲玉河等，2016）、情景分析法（Chen et al., 2009；吕劲文等；2010；刘迎春等，2011）等。估算森林固碳潜力时，参考的标准也有多种，如老龄林或成熟林碳密度（Roxburgh et al., 2006；王春梅等，2010）、平均固碳速率（吴庆标等，2008；刘迎春等，2011）等。

本研究基于长江、珠江流域防护林体系建设工程的实际造林面积，以 2003 ~ 2008 年全国森林资源清查的成熟林生物量碳密度为参照，估算长江、珠江流域防护林体系建设工程中新增加森林生长至成熟林阶段的固碳潜力。为了区分方便，本研究将其称为理论固碳潜力。另外，根据各省份主要森林类型的生物量密度与林龄关系（即林分生长的经验方程），计算至 2020 年、2030 年工程中新增森林的固碳潜力，本研究将其称为自然固碳潜力。

5.2　材料和方法

5.2.1　生物量自然固碳潜力

根据 Xu 等（2010）的方法，计算各省份各主要树种的生物量密度与林龄的关系。首先依据森林资源清查对不同森林类型林龄等级的划分标准（表 5-1），确定不同森林类型的林龄分段方法，以林龄段的中值代表该林龄组的平均林龄（Xu et al., 2010）。然后利用逻辑斯谛（Logistic）增长方程来拟合各森林类型生物量密度与林龄的关系：

$$M_z = \frac{w}{1 + k\,e^{-at}} \tag{5-1}$$

式中，t 为林龄；w、k、a 为常数，主要通过对森林清查数据进行曲线拟合而获得，各系数的取值见表 5-2（Xu et al., 2010）；M_z 为某种森林类型的生物量密度。为了简化后续计算，每个省份只选择 3 种最主要的林型作为代表进行统计分析，即 M_{z1}、M_{z2}、M_{z3}。根据全国森林清查资料（2003 ~ 2008 年），对各省份各林型的面积进行排序，选择前三种林型作为该省份的 M_{z1}、M_{z2}、M_{z3}。同时根据前三种林型的面积，确定 M_{z1}、M_{z2}、M_{z3} 分别占三者面积之和的相对比例 M_{zp1}、

M_{zp2}、M_{zp3}（即将每个省份的所有林型简化为三种主要林型进行统计分析，M_{zp1}、M_{zp2}、M_{zp3}之和等于1）。

表 5-1　森林清查中优势树种（组）龄组划分表　　（单位：年）

树种	地区	起源	龄组划分					龄级划分
			幼龄林	中龄林	近熟林	成熟林	过熟林	
红松、云杉、柏木、紫杉、铁杉	北方	天然	60 以下	61～100	101～120	120～160	161 以上	20
	北方	人工	40 以下	41～60	61～80	81～120	121 以上	10
	南方	天然	40 以下	41～60	61～80	81～120	121 以上	20
	南方	人工	20 以下	21～40	41～60	61～80	81 以上	10
落叶松、冷杉、樟子松、赤松、黑松、银杏	北方	天然	40 以下	41～80	81～100	101～140	141 以上	20
	北方	人工	20 以下	21～30	31～40	41～60	61 以上	10
	南方	天然	40 以下	41～60	61～80	81～120	121 以上	20
	南方	人工	20 以下	21～30	31～40	41～60	61 以上	10
油松、马尾松、云南松、思茅松、华山松、高山松	北方	天然	30 以下	31～50	51～60	61～80	81 以上	10
	北方	人工	20 以下	21～30	31～40	41～60	61 以上	10
	南方	天然	20 以下	21～30	31～40	41～60	61 以上	10
	南方	人工	10 以下	11～20	21～30	31～50	51 以上	10
杨、柳、桉、檫木、泡桐、木麻黄、楝、枫杨、软阔、杜仲、漆树、油桐、乌桕	北方	人工	10 以下	11～15	16～20	21～30	31 以上	5
	南方	人工	5 以下	6～10	11～15	16～25	26 以上	5
桦、榆、木荷、枫香、珙桐、乔木紫胶寄主树、橡胶、蜡树、八角	北方	天然	30 以下	31～50	51～60	61～80	81 以上	10
	北方	人工	20 以下	21～30	31～40	41～60	61 以上	10
	南方	天然	20 以下	21～40	41～50	51～70	71 以上	10
	南方	人工	10 以下	11～20	21～30	31～50	51 以上	10
栎、柞、槠、栲、樟、楠、椴、水曲柳、胡桃楸、黄檗、硬阔、肉桂、栎类	南北	天然	40 以下	41～60	61～80	81～120	121 以上	20
	南北	人工	20 以下	21～40	41～50	51～70	71 以上	10
杉木、柳杉、水杉	南方	人工	10 以下	11～20	21～25	26～35	36 以上	5
毛竹	南方	人工	1～2	3～4	5～6	7～10	11 以上	2

资料来源：国家林业局森林资源管理司（2003）

表 5-2　各林型生物量密度与林龄关系的拟合曲线（Logistic 增长方程）参数

森林类型	w	k	a	R^2
所有树种	201.19	6.727	0.0617	0.988
红松 Pinus koraiensis	218.56	7.954	0.036	0.95
冷杉 Abies	357.5	4.345	0.0211	0.92
云杉 Picea	274.47	5.738	0.0295	0.983
铁杉 Tsuga	203.06	4.804	0.0201	0.963
柏树 Cupressus	155.72	10.568	0.0443	0.912
落叶松 Larix	130.2	2.659	0.0696	0.981
樟子松 Pinus sylvestris var. mongolica	201.71	10.879	0.1059	0.93
赤松 Pinus densiflora	49.14	2.344	0.0985	0.665
黑松 Pinus thunbergii	60	3.36	0.0823	0.655
油松 Pinus tabulaeformis	87.98	12.236	0.1144	0.977
华山松 Pinus armandii	91.06	3.283	0.0678	0.873
油杉属 Keteleeria	67.22	0.647	0.0238	0.765
马尾松 Pinus massoniana	81.67	2.174	0.0522	0.996
云南松 Pinus yunnanensis	147.88	5.334	0.0736	0.731
思茅松 Pinus kesiya var. langbianensis	95.71	2.067	0.0878	0.832
高山松 Pinus densata	162.21	3.626	0.0578	0.966
杉木 Cunninghamia	69.61	2.437	0.0963	0.963
柳杉 Cryptomeria	111.63	2.513	0.1113	0.939
水杉 Metasequoia	140	12.32	0.2046	0.577
水曲柳、胡桃楸和黄檗 Fraxinus mandschurica, Juglans mandshurica, Phellodendron	212.83	8.067	0.0607	0.994
樟属 Cinnamomum	120	5.4	0.0566	0.394
楠属 Phoebe	206.99	9.186	0.0615	0.9
栎类 Oaks	197.09	8.491	0.0422	0.992
桦木 Betula	163.34	7.479	0.0516	0.99
其他硬阔叶树种	160.99	10.313	0.0492	0.99
椴树属 Tilia	266.71	7.823	0.0586	0.957
檫树 Sassafras tzumu	210	24.99	0.1708	0.878
桉树 Eucalyptus	89.87	7.149	0.1432	0.898
木麻黄 Casuarina	156.02	6.443	0.0698	0.804

续表

森林类型	w	k	a	R^2
杨树 Populus	70. 76	1. 492	0. 1434	0. 934
泡桐 Paulownia	110. 42	4. 095	0. 0505	0. 876
其他软阔叶树种	132. 24	5. 276	0. 1302	0. 956
杂木林	199. 15	20. 73	0. 3534	0. 975
针叶混交林	158. 94	20. 804	0. 1017	0. 949
针阔混交林	290. 96	8. 577	0. 056	0. 993
阔叶混交林	237. 57	12. 272	0. 1677	0. 98

资料来源: Xu 等（2010）

基于生物量密度与林龄的关系，根据历年各省份的工程成林面积，计算各省份 1990~2010 年工程中新增森林的固碳潜力。假定在 2030 年前，1990~2010 年工程中新增加的这部分森林面积基本维持不变，即没有森林成片砍伐和死亡。由于工程造林面积统计中没有各林型比例的数据，因此我们假定工程中每个省份各林型的比例与森林清查所得中幼龄林型的相对比例一致，即用 M_{zp1}、M_{zp2}、M_{zp3} 作为替代指标。

在 o 年份所造的森林生长至未来某一年份 n 时，即林龄为 t 时（$t=n-o$），生物量碳库大小通过以下公式进行计算：

$$P_{onk} = (\alpha \times A_o \times M_{zp1} \times M_{z1t} + \alpha \times A_o \times M_{zp2} \times M_{z2t} + \alpha \times A_o \times M_{zp3} \times M_{z3t}) \times N \qquad (5\text{-}2)$$

式中，P_{onk} 为某一省份在 o 年所营造的某类工程 k（人工造林、飞播造林、封山育林）生长至统计年 n 的生物量碳；A_o 为该省份 a 在 o 年的某类工程面积；α 为工程的成林比率，其中人工造林按 90. 2% 的成林比率换算，飞播造林、封山育林工程则以 66%~70% 的成林比率进行估算（吴庆标等，2008）；M_{zp1}、M_{zp2}、M_{zp3} 分别为该省份面积排名前三位的森林类型的比例；M_{z1t}、M_{z2t}、M_{z3t} 为该省份面积排名前三位的森林类型从 o 年生长至 n 年时（即林龄为 t 时）的生物量密度（根据各森林类型生物量密度与林龄的关系获得）；N 为生物量的碳含量（取值为 50%）。

最后计算各省份在未来某一年份 n 时，$o~n$ 年的时间段内，累计所造工程林的生物量碳库之和，即某省份的长江、珠江流域防护林体系建设工程的自然固碳潜力：

$$C_{nk} = \sum_{on=o}^{n-o} P_{onk} \qquad (5\text{-}3)$$

5.2.2　生物量理论固碳潜力

采用 Fang 等（2001）与徐新良等（2007）建立的方法估算各省份成熟林生物量碳密度。具体计算过程如下：利用徐新良等（2007）建立的各森林类型的生物量–蓄积量线性拟合方程

$$B_i = a + b \times V_i \tag{5-4}$$

式中，B_i 为某一森林类型成熟林的生物量密度（t/hm^2）；V_i 为某一森林类型的蓄积量（m^3/hm^2）；a、b 为常数（方程参数见表 3-1）；i 为某一森林类型。基于全国森林清查（2003~2008 年）资料中各省份、各主要森林类型成熟林蓄积量，利用生物量–蓄积量方程，计算各省份、各森林类型成熟林生物量密度。

在此基础上估算某省份的某一类工程营造林（人工造林、飞播造林、封山育林）的理论固碳潜力：

$$C_s = (\alpha \times A_s \times B_{i1} \times M_{zp1} + \alpha \times A_s \times M_{zp2} \times B_{i2} + \alpha \times A_s \times M_{zp3} \times B_{i3}) \times N \tag{5-5}$$

式中，C_s 为省份 S 某一类工程营造林的理论固碳潜力；A_s 为省份 S 的某类工程面积；α 为工程的成林比率，其中人工造林按 90.2% 的成林比率换算，飞播造林、封山育林工程则以 66%~70% 的成林比率进行估算（吴庆标等，2008）；M_{zp1}、M_{zp2}、M_{zp3} 分别为该省份面积排名前三位的森林类型的比例；B_{i1}、B_{i2}、B_{i3} 为该省份面积排名前三位森林类型的成熟林平均生物量密度；N 为生物量的碳含量（取值为 50%）。

5.2.3　土壤固碳潜力

本研究采用区域平均固碳速率来估算土壤固碳潜力（Chen et al.，2009）。已有研究表明，造林或森林恢复后，在数十年的尺度内土壤碳库变化主要发生在浅层土壤，如 0~20cm（Zhang et al.，2010）。因此本研究仅考虑 0~20cm 土壤固碳潜力。通过野外调查采样实测数据，同时收集公开发表的涉及工程区域范围内土地利用变化、森林恢复、造林等方面的文献资料，利用文献资料里土壤碳储量变化数据，分华东、中南、西南、西北四个区域分别建立 0~20cm 土壤碳增量与林龄关系的经验方程（图 5-1~图 5-4）。然后根据经验方程及长江、珠江流域防

护林体系建设工程面积，假设工程面积不变，计算工程至 2020 年、2030 年的土壤固碳潜力。

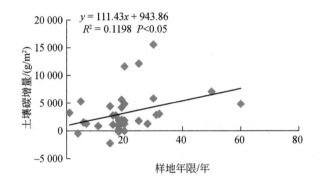

图 5-1　土壤碳增量与样地年限的关系（华东地区）

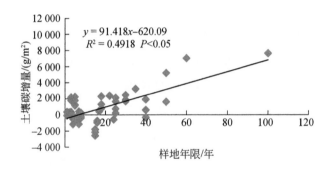

图 5-2　土壤碳增量与样地年限的关系（中南地区）

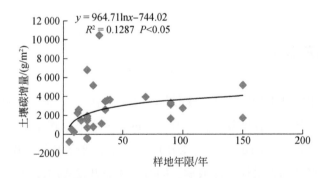

图 5-3　土壤碳增量与样地年限的关系（西北地区）

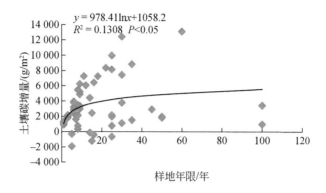

图 5-4　土壤碳增量与样地年限的关系（西南地区）

5.3　结果分析

5.3.1　各省份的成熟林生物量碳密度

根据 2003～2008 年森林资源清查资料，工程区内各省份的中幼龄林以马尾松林、柏木林、杉木林、栎类林、杨树林、云南松林、阔叶混交林、其他硬阔类森林等为主（表 5-3）。如表 5-3 所示，栎类林的成熟林阶段生物量碳密度较高，为 46.95～76.36t/hm²。云南、西藏的成熟栎类林生物量碳密度均超过 70t/hm²。成熟林阶段的阔叶混交林的生物量密度变化范围较大，为 37.71～90.93t/hm²，但整体来讲生物量碳密度较高，而且江西、云南、贵州、湖南、广西的阔叶混交林在成熟林阶段的生物量密度均大于 60t/hm²。马尾松林的成熟林阶段碳密度处于 26.67～59.3t/hm²，大部分省份（如广西、广东、湖南、湖北、安徽、江西、浙江）的马尾松林碳密度均低于 40t/hm²。柏木作为工程区内主要造林树种之一，生物量碳密度变化范围较小，为 41.91～62.7t/hm²。四川、西藏、青海、山东、重庆的成熟柏木林生物量碳密度分别为 62.7t/hm²、58.78t/hm²、55.64t/hm²、43.76t/hm²、41.91t/hm²（表 5-3）。

表5-3 各省份主要森林类型及面积相对比例（中幼龄林）、成熟林生物量
碳密度、工程林（1990～2010年）生长至成熟林阶段的固碳潜力

省份	林型	中幼龄林面积的相对比例	成熟林生物量碳密度/(t/hm²)	固碳潜力/Tg	省份	林型	中幼龄林面积的相对比例	成熟林生物量碳密度/(t/hm²)	固碳潜力/Tg
安徽	马尾松	0.38	31.14	2.68	青海	柏木	0.55	55.64	4.44
安徽	杉木	0.35	28.84	2.26	青海	云杉	0.33	66.09	3.11
安徽	阔叶混交	0.27	54.69	3.32	青海	杨树	0.12	44.14	0.76
甘肃	硬阔类	0.46	46.58	9.00	山东	杨树	0.81	76.29	9.66
甘肃	栎类	0.31	51.55	6.57	山东	赤松	0.10	36.21	0.58
甘肃	阔叶混交	0.23	47.01	4.47	山东	柏木	0.09	43.76	0.62
广东	桉树	0.42	26.70	0.68	陕西	栎类	0.47	46.95	25.37
广东	硬阔类	0.36	58.10	1.27	陕西	软阔类	0.31	46.61	16.52
广东	马尾松	0.22	34.13	0.47	陕西	硬阔类	0.22	47.73	11.85
广西	阔叶混交	0.45	61.73	7.90	上海	硬阔类	0.38	34.31	0.04
广西	马尾松	0.31	39.03	3.40	上海	樟树	0.36	34.31	0.04
广西	杉木	0.24	43.21	3.01	上海	杨树	0.26	34.31	0.03
贵州	马尾松	0.41	59.30	20.40	四川	柏木	0.61	62.70	51.47
贵州	杉木	0.31	31.86	8.27	四川	云南松	0.20	38.77	10.53
贵州	阔叶混交	0.28	72.49	17.29	四川	栎类	0.19	61.95	15.65
河南	杨树	0.45	62.01	12.67	西藏	柏木	0.40	58.78	1.33
河南	栎类	0.42	53.35	9.98	西藏	云杉	0.32	89.65	1.63
河南	硬阔类	0.13	36.25	2.12	西藏	栎类	0.27	70.81	1.08
湖北	马尾松	0.39	28.21	13.61	云南	云南松	0.39	45.96	18.22
湖北	阔叶混交	0.36	47.92	21.42	云南	阔叶混交	0.33	72.85	24.27
湖北	栎类	0.26	49.87	15.89	云南	栎类	0.29	76.36	22.34
湖南	杉木	0.53	26.37	8.75	浙江	马尾松	0.42	35.24	2.80
湖南	马尾松	0.25	32.76	5.24	浙江	杉木	0.33	21.15	1.30
湖南	阔叶混交	0.22	62.94	8.53	浙江	阔叶混交	0.25	37.71	1.74
江苏	杨树	0.88	60.10	4.33	重庆	马尾松	0.64	40.56	6.82
江苏	硬阔类	0.08	32.34	0.20	重庆	柏木	0.19	41.91	2.09
江苏	针阔混交	0.04	18.89	0.07	重庆	杉木	0.17	28.52	1.31
江西	阔叶混交	0.34	90.93	41.98					

续表

省份	林型	中幼龄林面积的相对比例	成熟林生物量碳密度/(t/hm²)	固碳潜力/Tg	省份	林型	中幼龄林面积的相对比例	成熟林生物量碳密度/(t/hm²)	固碳潜力/Tg
江西	杉木	0.34	22.03	10.13					
江西	马尾松	0.32	26.67	11.75					

注：表中的固碳潜力指生长至成熟林阶段的固碳潜力，即理论固碳潜力。上海的三种林型没有成熟林阶段的统计数据，用整个上海的所有森林类型的成熟林阶段碳密度的平均值代替

5.3.2 生物量理论固碳潜力

在假定面积不变的情况下，1990～2010 年新增加的长江、珠江流域防护林发展至成熟林阶段的生物量固碳潜力为 493.26Tg（表 5-4）。西南地区生物量固碳潜力最高，为 202.7Tg，中南、华东、西北地区生物量固碳潜力分别为 114.9Tg、93.6Tg、82.1Tg。在省级尺度上，四川、云南、江西、陕西、湖北、贵州 等 的 固碳潜力最高，分别为 77.65Tg、64.82Tg、63.86Tg、53.74Tg、50.92Tg、45.95Tg。这 6 个省份的固碳量占长江、珠江流域防护林体系建设工程总固碳量的 72.3%。

表 5-4　长江、珠江流域防护林体系建设工程 1990～2010 年营造林的固碳潜力

省份	面积/10⁶hm²	生长至 2020 年固碳潜力/Tg	生长至 2030 年固碳潜力/Tg	生长至成熟林阶段固碳潜力/Tg
安徽	0.225	8.08	10.89	8.26
甘肃	0.416	16.09	20.64	20.05
广东	0.061	1.32	1.82	2.42
广西	0.285	13.57	18.16	14.32
贵州	0.842	35.90	44.31	45.95
河南	0.45	11.77	14.17	24.78
湖北	1.248	60.48	74.47	50.92
湖南	0.627	24.31	29.93	22.51
江苏	0.082	2.33	2.72	4.60
江西	1.362	65.32	79.97	63.86

省份	面积 /10^6hm^2	生长至2020年 固碳潜力/Tg	生长至2030年 固碳潜力/Tg	生长至成熟林阶段 固碳潜力/Tg
青海	0.144	7.38	8.64	8.31
山东	0.157	4.82	5.64	10.87
陕西	1.143	36.58	47.09	53.74
上海	0.003	0.07	0.09	0.10
四川	1.345	64.35	80.33	77.65
西藏	0.056	1.78	2.59	4.04
云南	1.022	46.71	60.35	64.82
浙江	0.187	6.44	8.52	5.84
重庆	0.264	8.39	10.03	10.22

5.3.3 生物量自然固碳潜力

利用生物量密度与林龄关系的经验方程估算的结果表明,1990~2010年新增加的长江、珠江流域防护林生长至2020年植被生物量固碳潜力为415.6Tg(表5-4)。西南、中南、华东、西北地区的植被固碳潜力分别为157.1Tg、111.4Tg、87.0Tg、60.1Tg。江西、四川、湖北、云南、陕西、贵州的固碳潜力最高,分别为65.32Tg、64.35Tg、60.48Tg、46.71Tg、36.58Tg、35.90Tg。生长至2030年植被生物量固碳潜力为520.4Tg。西南、中南、华东、西北地区的植被固碳潜力分别为197.6Tg、138.6Tg、107.8Tg、76.4Tg。四川、江西、湖北、云南、陕西、贵州的固碳潜力最高,分别为80.33Tg、79.97Tg、74.47Tg、60.35Tg、47.09Tg、44.31Tg。这6个省份的植被生物量固碳量占长江、珠江流域防护林体系建设工程总固碳量的74.3%。

5.3.4 土壤固碳潜力

1990~2010年新增加的长江、珠江流域防护林生长至2020年,土壤固碳潜力为293Tg(图5-5)。西南、华东、西北、中南地区分别为146.6Tg、68.7Tg、39.9Tg、37.8Tg。假定面积不变的情况下,生长至2030年时,土壤的固碳潜力为 358Tg（图 5-6）。西南、华东、中南、西北地区分别为 159.1Tg、91.2Tg、62.2Tg、45.6Tg。

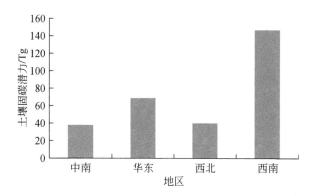

图 5-5　工程区土壤碳库增量（至 2020 年）

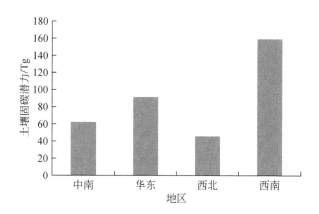

图 5-6　工程区土壤碳库增量（至 2030 年）

5.4　讨　　论

5.4.1　长江、珠江流域防护林体系建设工程的固碳潜力

本研究的结果表明，长江、珠江流域防护林体系建设工程具有可观的固碳潜

力。由于长江、珠江流域防护林体系建设工程启动的时间较短，大部分工程林尚处于中、幼龄林阶段。随着工程所造森林的生长、成熟，将显著提高我国森林碳汇功能。以工程区现有成熟林碳密度为参考水平，当1990~2010年新增加的长江、珠江流域防护林发展至成熟林阶段，将固定493.26Tg碳于植被生物量中。根据工程区内各主要林型的生物量积累曲线（即生物量密度与林龄的关系），1990~2010年新增加的长江、珠江流域防护林生长至2020年、2030年时，植被生物量固碳潜力分别为415.6Tg、520.4Tg。由于1990~2010年主要造林活动集中在1990~2000年这一时间段，而且工程中新增的森林以人工林为主，所以至2030年时，大部分长江、珠江流域防护林可能已经发展至成熟林阶段或接近成熟林阶段。因此，可以认为通过两种方法估算长江、珠江流域防护林体系建设工程固碳潜力的结果可以较好地相互验证。根据现有成熟林碳密度估算的固碳潜力略显偏低，主要的可能原因是中国目前的森林质量不高，现有成熟林的碳密度较低。因此用现有成熟林来做参照可能会导致估算结果偏低。在综合考虑两种估算方法的基础上，我们认为长江、珠江流域防护林体系建设工程至2030年的植被生物量固碳潜力为490~520Tg。2020~2030年的平均生物量固碳速率为10.5Tg/a。

在空间分布上，工程主要的固碳潜力集中在西南地区。主要原因可能与四川、云南、贵州等西南省份的造林面积大、工程启动时间早、气候条件优越、森林生长相对较快等因素有关。除西南地区外，江西、湖北、陕西等省份的固碳潜力也较高。江西、四川、湖北、陕西、云南、贵州六省的工程面积之和（$6.96 \times 10^6 hm^2$）占工程总面积（$9.92 \times 10^6 hm^2$）的70%（表5-4）。根据Xu等（2010）估算，在自然生长状况下，2000~2050年中国现有森林与新造森林的生物量碳汇合计为7.23Pg C，平均年碳汇量为0.14Pg C。已有研究表明，亚热带森林是我国森林碳容量和固碳潜力最大的生态区（Liu et al., 2014）。我们的结果说明，长江、珠江流域防护林体系建设工程的顺利实施将为我国亚热带森林固碳提供重要动力。

除植被生物量外，工程区土壤也具有重要的固碳潜力。1990~2010年新增加的长江、珠江流域防护林生长至2020年、2030年，土壤碳库的增量分别为293Tg、358Tg。2020~2030年的平均固碳速率预计为6.5Tg/a，单位面积的平均固碳速率为65.5g/（$m^2 \cdot a$）。土壤碳库因其库容量大、存储时间长、固碳潜力巨大而备受关注（Zhang et al., 2010）。生态工程的成功实施，能阻止土壤退化，提高土壤碳固持（Zhang et al.，2010；Deng et al.，2014）。例如，已有研究表明，退耕还林工程将显著提高土壤的碳汇能力（Zhang et al.，2010；Deng et al.，2014）。Zhang 等（2010）、Deng 等（2014）分别估算的退耕还林工程土壤固碳速率为 36.67g/（m²·a）、33g/（m²·a）。因此长江、珠江流域防护林体系建设工程的土壤固碳潜力略高于退耕还林工程。主要的原因可能是长江、珠江流域防护林体系建设工程的工程区主要是在气候、土壤条件较好的地区，而退耕还林工程的工程区主要为水土流失较为严重的坡耕地（Zhang et al.，2010）。

5.4.2　固碳潜力估算的不确定性分析

本研究估算结果的不确定性主要来源于工程统计资料的有限性、林分生长模型的精确性、森林清查资料的可靠性、土壤碳库动态的不确定性。

工程统计资料的有限性：由于工程统计资料中缺乏各省份新增工程林的类型及各类型的面积，本研究使用的是替代指标，即 2003～2008 年全国森林清查资料中各省份中幼龄林面积排名前三位的森林类型。这实际上是一种资料缺乏情况下的简化处理，即根据 2003～2008 年清查时各省份面积最多的三种中幼龄林来推测新增工程林的类型及各类型的面积比例。这种简化是将每个省份的新增工程林简化为三种主要的林型，即假定该省份的三种主要中幼龄林的信息等代表每个省份所有的新增工程林。当然，这种假设并不是凭空产生的，而是有一定依据的，因为根据造林时间，1990～2010 年新增工程林在 2003～2008 年清查时正处于中幼龄林阶段（表 5-1）。另外，由于缺乏长江、珠江流域防护林体系建设工程成林比例（或工程营造林保存面积）在国家层面的权威统计数据，本研究采用的是文献中报道的成林比例，即人工造林按 90.2% 的成林比例换算，飞播造林、封山育林工程以 66%～70% 的成林比例进行估算（吴庆标等，2008）。这可能与实际工程营造林保存面积存在一定误差。

林分生长模型的精确性：本研究根据 Xu 等（2010）报道的各森林类型生物量密度与林龄关系的经验方程来估算林分的生长动态。Xu 等（2010）建立的方法中，林龄的确定存在一定误差，即依据森林资源清查对不同森林类型林龄等级的划分标准，确定不同森林类型的林龄分段方法，以林龄段的中值代表该林龄组的平均林龄（Xu et al.，2010）。因此，利用生物量密度与林龄关系的经验方程来模拟林分的生长时会产生一定误差。在将来的研究中，需要增加主要林型生长的长期观察数据来减少误差的产生。

森林清查资料的可靠性：本研究的成熟林生物量碳密度值的估算基础是森林清查数据。在森林清查中，基层调查人员在野外判断样地是否属于成熟林时可能存在一定的误差。这种误差会影响对成熟林蓄积量的统计，从而影响对成熟林生物量碳密度的估算。

土壤碳库动态的不确定性：土壤碳库动态的不确定性是目前碳循环研究中一个普遍存在的问题。由于土壤在水平维度和垂直维度都是高度异质的物质，而且土壤碳库动态的观测数据尤其是长期观测数据非常有限，因此，估算土壤固碳速率和潜力是非常困难的工作。如何减少大尺度研究中土壤碳库动态的不确定性是科学界面临的挑战。

虽然本研究对于长江、珠江流域防护林体系建设工程固碳潜力的估算存在诸多不确定性，但对于大尺度研究而言，不确定性普遍存在。总之，本研究的方法都具有一定的理论基础，作为对于长江、珠江流域防护林体系建设工程固碳潜力的初次探索，本研究的估算结果将为进一步研究提供重要参考。

第6章 | 防护林固碳动态及机制研究
——以陕西佛坪金水河流域为例

6.1 引 言

工业革命以来，地球上的原生植被特别是森林遭受了前所未有的破坏。另外，由于自然恢复或人工干预下的恢复，次生植被的比例正逐渐增加（FAO，2010）。据统计，目前全球次生林面积占森林总面积的比例已超60%（FAO，2010）。因此可以说，地球正处于一个次生植被时代（the era of secondary vegetation）（Gómez-Pompa and Vázque-Yanes，1974）。大规模植被恢复将对区域尺度乃至全球尺度的碳库动态和碳循环过程产生深远影响。研究次生植被形成与发展过程中，植物与土壤碳库及碳循环过程的演变规律，对揭示生态系统固碳机制、模拟碳库动态及循环过程具有十分重要的意义（Bonan，2008；Chazdon，2008；Ohtsuka et al.，2010）。

陆地生态系统中，地上凋落物（如枯枝、落叶等）与地下凋落物（主要是细根）是联系植被–土壤系统的关键纽带（Schindler and Gessner，2009；Zhang et al.，2013）。陆地生态系统的大部分净初级生产力以死有机质的形式进入分解系统（Hättenschwiler et al.，2005）。例如，某些温带生态系统，超过85%的初级生产力将进入碎屑库（Swan et al.，2009）。地上、地下凋落物的输入为土壤形成提供基础，并为碎屑食物网提供物质和能量。同时，凋落物通过分解与矿化，释放养分供植物与微生物利用，并向大气释放 CO_2。地上凋落物和细根是土壤有机碳的主要来源，在生态系统的碳、氮循环中起着至关重要的作用（Cusack et al.，2009）。研究凋落物与细根的产量与分解，可以从"碳输入"的视角，揭示土壤固碳过程及机制（Zhang et al.，2013）。

国内外学者已经对地上部分凋落物的产量、分解动态及其影响因素开展了相当深入的研究（Bray and Gorham, 1964; Aerts, 1997; Matthews, 1997; Hättenschwiler et al., 2005）。对地下部分凋落物的主要来源——细根，人们对其的了解则仍然较为缺乏（Trumbore and Gaudinski, 2003; Steinaker and Wilson, 2005）。细根的周转是陆地生态系统重要的生物过程。根据 Jackson 等（1997）的估计，如果直径小于 2mm 的细根每年周转 1 次，则需要消耗全球陆地生态系统 33% 左右的净初级生产力。在有些生态系统中，这个比例甚至可能超过 50%（Vogt et al., 1986）。一些研究者发现，通过根系死亡归还到土壤的氮素比通过地上部分凋落物要高出 18%~58%（Vogt et al., 1986）。地上凋落物与细根中的碳元素被认为是快速碳库（fast carbon pools）（Meier and Leuschner, 2010）。据估算，全球每年通过土壤呼吸所释放的 CO_2［平均为（68±4）Pg/a］中，约有一半是由凋落物的矿化所产生（Raich and Schlesinger, 1992; Coûteaux et al., 1995）。森林生态系统中，如果没有林火干扰或者收获，叶和根的周转可增加土壤有机碳库组分中的稳定组分（Schulze, 2000）。现有的有关生态系统恢复过程中凋落物与细根动态的研究中，研究者主要关注的是乔木阶段，而对灌草阶段则极少关注（Ruess et al., 2003; Yankelevich et al., 2006; Ostertag et al., 2008; Yang et al., 2010）。实际上，在通常情况下，灌草阶段是生态系统次生演替/恢复的必经起始阶段（Ostertag et al., 2008）。

由于长江、珠江流域防护林体系建设工程的大部分工程区处于水热条件相对较好的亚热带地区，封山育林是长江、珠江流域防护林体系建设工程的重要工程措施。相对于人工造林，封山育林样地的碳库动态及固碳机制研究较为缺乏。本章以秦岭南坡处于不同演替阶段的次生植被（草地、灌丛、次生林）为研究对象，主要探讨以下科学问题：①生态恢复过程中植被生物量、土壤碳库将如何演变？②生态恢复过程中凋落物与细根的产量与分解将如何演变？③生态恢复过程中影响凋落物与细根产量、周转、分解速率的主要因素是什么？

6.2 材料和方法

6.2.1 研究区域概况及样地选择

研究样地位于秦岭南坡的金水河小流域。金水河属于汉江上游支流，该流域

是重要的水源涵养区。研究区域处于北亚热带与暖温带的分界线。多年平均气温
11.5~14.5℃，1 月平均气温为-0.3℃，7 月平均气温为 21.9℃。年均日照时数
1819.5h，无霜期约为 220 天。年平均降水量为 950~1200mm。自然植被为落叶
阔叶林，植被覆盖度在 70% 以上。土壤为黄棕壤，表土含有机质高，呈暗黄棕
色、灰棕色，心土层以黄棕色为主。土壤厚薄不一，质地轻，多为砂壤土。土壤
pH 呈中性至微酸性（Zhang et al., 2010；张克荣，2011）。研究区域虽处于秦岭
腹地，但历史上该地区农业活动较强烈。清朝光绪年间（1875~1908 年），由于
山区气候灾害频繁，庄稼连年歉收，区内人口大量外迁（任毅，1998）。

在干扰较小的情况下，农业撂荒地的植被可经自然演替得以恢复。该地区
植被自然演替过程为：次生草地→灌丛→中幼龄林→成熟林（Zhang et al.,
2010）。为了确保所选样地的代表性、典型性，我们在整个取样区内，对植被
与土壤进行了初步勘查。为了减小误差，尽量选择地形、土壤类型、母质等相
似的样地。

本研究选择了 5 块次生草地样地，6 块灌丛样地，4 块中幼龄林样地，4 块成
熟林样地（林龄大于 50 年）。所有样地均位于佛坪自然保护区的实验区（陕西
省佛坪县岳坝镇岳坝村），集中在金水河小流域大致 4km 的范围内（107°49′~
107°51′E，33°32′~33°35′N）。样地海拔为 1075~1301m。根据我们的全面勘查
以及前人有关该地区植被垂直带谱的研究，在这个海拔范围内，植被属于同一植
被带（即松栗林带）（岳明等，2000）。因此可以认为，研究范围内植被随海拔
的变异较小。另外，样地附近残存的自然植被，以及样地的林下层植被组成较为
类似，优势种为栓皮栎（*Quercus variabilis*）、栗（*Castanea mollissima*）、巴山木竹
（*Bashania fargesii*）等。虽然"空间代替时间"这种研究方法具有一定的局限性，
如样地的土地利用历史、干扰历史可能影响研究结果的精确度（Johnson and
Miyanishi，2008），但是"空间代替时间"的方法仍然是研究植被与土壤演变的
重要手段。尤其是当研究的时间尺度涉及数十年、上百年时，"空间代替时间"
的方法更是普遍被采用（Foster and Tilman，2000；Davidson et al.，2007）。

根据废弃的沟渠、田埂（图 6-1），我们判断所有样地均起源于农业撂荒地。
样地的撂荒年限主要通过询问土地的所有者而获得，或者通过用生长锥钻取样地
中最老树木的基部年轮来进行推测（每个样地 3 棵左右）。根据我们连续几年的
观察，该地区的农业用地撂荒 1~3 年后，便会有树木幼苗出现。因此，通过调
查先锋树种的年轮来确定样地的撂荒年限是可行的。

图 6-1　样地中依稀可见的废弃田埂及沟渠

次生草地样地的优势植物为野艾蒿（*Artemisia lavandulaefolia*）、尼泊尔蓼（*Polygonum alatum*）、狼尾草（*Pennisetum alopecuroides*）等。灌丛样地的优势植物为葛（*Pueraria lobata*）、盐麸木（*Rhus chinensis*）等。中幼龄林样地的优势种为栗（*Castanea mollissima*）、构树（*Broussonetia papyrifera*）、化香树（*Platycarya strobilacea*）等。成熟林样地的优势种为短柄枹栎（*Quercus serrata* var. *brevipetiolata*）、栗、四照花（*Dendrobenthamia japonica* var. *chinensis*）、巴山木竹等。

6.2.2　样地调查

用全球定位系统（GPS）对样地进行定位，并记录地形地貌特征。按常规方法进行植被调查。对于中幼龄林和成熟林样地，每块样地取乔木样方 4 个（10m×10m）、灌木层（5m×5m）和草本层（1m×1m）样方各 3 个。对于灌丛样地，每块样地取灌木层（5m×5m）和草本层（1m×1m）样方各 3 个。对于草本样地，每块样地取 1m×1m 样方 3 个。对于乔木进行每木检尺，测定胸径、树高、冠幅等；灌木记录种名、数量、高度、盖度等；草本记录种名、盖度、高度、多度等信息。

本章主要研究表土层的变化，土壤采样深度为 0～20cm。每个样地分别采 3 个土样，另外用环刀采三个原状土样用于容重和含水率测定。部分土壤风干后过 1mm 和 0.25mm 筛，用于土壤碳、氮含量等理化性质的测定。

6.2.3 植被生物量

基于前人建立的该地区主要树种的生物量方程，估算样地乔木生物量（陈存根和彭鸿，1996）。灌木和草本的生物量则采用收获法测定。每个样地设置 1m×1m 小样方 3 个，收获灌木和草本生物量并称鲜重。另外分装部分样品回实验室用于含水量测定。

6.2.4 地上凋落物的现存量、年凋落量、凋落物品质及分解

每块样地随机选 5 个（1m×1m）小样方，将小样方内的凋落物全部收获并称鲜重。分装部分新鲜样品回实验室，置于 65℃ 烘箱烘干用于计算含水量。

用尼龙纱网制成 1m×0.8m 收集框用于收集木本植物凋落物。每个样地布置凋落物收集框 5 个，每月收集一次框内的凋落物。将凋落物分成叶、枝、皮、果及其他组分，置于 65℃ 烘箱烘干。对于草本植物，于生物量高峰期（9 月底）收获其地上部分生物量（每个样地 5 个 1m×1m 的小样方）。由于研究区域内草本植物的地上部分在冬天基本枯死，因此本研究用生物量的峰值来替代草本植物地上部分年凋落量。来源于地上部分凋落物的碳、氮年输入量通过凋落物的年产量乘以凋落物的碳、氮含量而获得（Steinaker and Wilson，2005）。

凋落物产量的数据表明，在本研究的次生林生态系统中，凋落叶的比例约占总凋落物产量的 81.5%。因此，本研究的凋落物分解实验中，对次生林仅研究凋落叶。

本研究用"分解袋法"研究凋落物的分解动态。凋落物分解袋用尼龙纱网缝制。分解袋长 20cm，宽 16cm。底面的孔径为 55μm，上面的孔径为 1mm。每个样地中收集优势树种即将凋落的叶片。对于草本植物，则收集地上部分并连茎带叶切成约 5cm 长。将所有凋落物分解实验材料进行风干处理。由于已有研究表明，不同凋落物混合后的分解动态并不等同于各种植物凋落物的简单加和，混合凋落物的分解存在非加性效应（Hättenschwiler et al.，2005；Hui and Robert，2009），因此，本研究根据每个样地优势种凋落物的比例，配制混合凋落物来进行分解实验。用于分解实验的各样地凋落物的物种组成及比例如表 6-1 所示。每个凋落物分解袋称取 4g 混合凋落物，并放入具有唯一编号的塑料吊牌。

表6-1 样地特征及凋落物分解实验中各样地凋落叶的物种组成及比例

样地	样地年限/a	海拔/m	演替阶段	优势物种	凋落物比例
H1	1	1250	次生草地	野艾蒿：尼泊尔蓼：香薷	50：25：25
H2	5	1233	次生草地	野艾蒿：狗筋蔓	75：25
H3	4	1130	次生草地	野艾蒿：狼尾草	75：25
H4	5	1284	次生草地	野艾蒿：琉璃草：尼泊尔蓼	75：12.5：12.5
H5	8	1135	次生草地	野艾蒿：狼尾草	87.5：12.5
S1	5	1098	次生灌丛	野艾蒿：山葛	62.5：37.5
S2	6	1290	次生灌丛	野艾蒿	100
S3	7	1250	次生灌丛	野艾蒿：山葛：欧洲蕨：盐麸木	37.5：37.5：12.5：12.5
S4	7	1095	次生灌丛	冬瓜杨：野艾蒿	50：50
S5	11	1253	次生灌丛	野艾蒿：山葛	62.5：37.5
S6	12	1260	次生灌丛	栗：胡桃：盐麸木：山葛：毛樱桃	60：12.5：12.5：10：5
N1	15	1280	次生中幼龄林	构：中华猕猴桃：苦木	50：25：25
N2	20	1140	次生中幼龄林	栗：化香树	50：50
N3	≈30	1111	次生中幼龄林	栓皮栎	100
N4	≈45	1301	次生中幼龄林	栗：鹅耳枥：红麸杨：枹栎：苦木	30：25：15：15：15
N5	≈50	1298	次生成熟林	栗：鹅耳枥：中华猕猴桃：榛：秦岭木姜子	30：25：15：15：15
N6	≈70	1276	次生成熟林	栗：枹栎：巴山木竹：四照花：鸡爪槭	50：17.5：17.5：10：5
N7	≈80	1277	次生成熟林	栗：鹅耳枥：枹栎：四照花：巴山木竹	50：17.5：17.5：7.5：7.5
N8	≈100	1257	次生成熟林	栗：巴山木竹：胡桃楸	50：25：25

资料来源：Zhang 等（2013）

凋落物分解实验于 2009 年 11 月底开始进行。每个样地随机放置凋落物 20 袋。分 5 次回收凋落物分解袋（分别分解 73、146、219、292、365 天），每次每个样地取回凋落物袋 4 袋。凋落物袋取回后，仔细剔除进入凋落物袋内的杂物，如泥沙、根系、动物残体等。将凋落物称鲜重后，分装部分样品置于 65℃烘箱烘干以测量含水量。根据凋落物生物量的损失速率来计算凋落物的分解速率（k），计算公式如下（Olson，1963）：

$$y = e^{-kt} \tag{6-1}$$

式中，y 为在某一时间生物量的残存比例（剩余生物量/初始生物量）；t 为分解时间（单位为年）；k 为分解速率（Bontti et al.，2009）。

为了测定凋落物分解材料（风干材料）的含水量及初始化学品质，每个样地选取了约20g样品置于65℃烘箱烘干。总碳、总氮含量用 C/N 分析仪（Flash，EA，1112 Series，Italy）测定；总磷含量用钼黄比色法测定（Lu，2000）；Klason 木质素含量用72%（w/w）H_2SO_4 水解法测定（Kirk and Obst，1988）；总单宁含量用 Hagerman（1987）提出的扩散法进行间接测定。

6.2.5　细根的分布格局、产量、周转与分解

为了调查细根生物量的垂直分布格局，每个样地用土钻随机取 10 个土柱，土壤深度分为 0~10cm、10~20cm、20~30cm 及 30~40cm。根据垂直分布格局调查的结果，样地的大部分细根分布在 0~20cm 土层中。因此，本研究仅关注 0~20cm 土层细根的产量及分解动态。

本研究采用连续根钻法研究细根生产力（King et al.，2002；Silver et al.，2005；Jha and Mohapatra，2010）。每个样地每次随机取 0~20cm 原状土柱 10~12 个。用镊子仔细挑出所有根系并清洗，然后根据颜色、质地、弹性区分活根、死根（Yang et al.，2010）。取样时间间隔为每两个月一次，从 2009 年 8 月至 2010 年 8 月，共计取样 6 次。将直径≤2mm 的活根、死根分别烘至恒重后用分析天平称重，按式（6-2）计算细根生物量：

$$细根现存量(t/hm^2) = 平均每土芯根干重(g) \times \frac{10^2}{\pi \times (d/2)^2} \tag{6-2}$$

式中，d 为取样器直径。

本研究采用分室通量模型计算细根的净生产力与周转率（Ostertag，2001；Silver et al.，2005）：

$$P_t = LFR_t - LFR_{t-1} + M_t \tag{6-3}$$

$$M_t = DFR_t - DFR_{t-1} + D_t \tag{6-4}$$

$$D_t = D_{ss}(1 - e^{-kt}) \tag{6-5}$$

$$T = P/Y \tag{6-6}$$

式中，P 为净生产量；M 为死亡量；D 为分解量；LFR 为活细根生物量；DFR 为

死细根生物量；D_{ss} 为时间间隔内平均死细根生物量；t 与 $t-1$ 为时间间隔；（$1-e^{-kt}$）为时间间隔内细根的分解率（根据分解实验获取）；T 为周转速率；Y 为平均活细根生物量。

细根的分解实验于 2009 年 11 月底与地上部分凋落物分解实验同步进行。由于在野外实验中，收集和鉴别新鲜死亡细根存在较大困难（Steinaker and Wilson，2005），并且细根一旦死亡，分解过程即已经开始。对于细根分解实验，可以在落叶前后一段时期内收集样地中的混合细根来代替新鲜死亡细根。细根经过清洗、切段（5cm）后风干。采用同地上部分分解实验相同的尼龙分解袋，每个分解袋内放置 4g 细根并放置唯一编号的塑料吊牌。细根均匀铺在分解袋内，埋于 20cm 土壤层中。每个样地随机埋置 20 个细根分解袋。采用同地上部分凋落物分解袋同步的时间、相同的方式回收细根分解袋。分解后细根的处理及分解速率的计算均同地上部分凋落物。另外，每个样地取 20g 未用于分解实验的细根材料用于含水量、初始化学品质的测定。采用同地上部分凋落物相同的方法测定细根的总碳、总氮、总磷、木质素、单宁含量。来源于细根的碳、氮年输入量通过细根的年产量乘以细根的碳、氮含量而获得（同 Steinaker and Wilson，2005）。

6.2.6　土壤碳、氮等理化性质及氮矿化速率

本研究参照 Lu（2000）的方法测定土壤基本理化性质：土壤总磷（TP）用钼蓝比色法；总钾用火焰光度法；有效磷用 [0.5mol/L NaHCO$_3$ 提取（1∶20）] 比色法；有效钾用火焰光度法 [1mol/L NH$_4$OAC 提取（1∶20）]；土壤 pH 按 1∶2.5（土∶水）用复合玻璃电极测定；总碳、总氮用 C/N 分析仪（NA-1500-NC Series 2）测定；NO_3^--N 用酚二磺酸比色法测定（纯水提取新鲜土）；NH_4^+-N 用靛酚蓝比色法（2mol/L KCl 提取新鲜土）。

采用 Cheng 等（2006）及 Rovira 和 Vallejo（2007）描述的方法测定土壤总有机碳与惰性有机碳（通过此方法测定的有机碳与土壤总有机碳含量可能存在微小差异，因为可能损失了部分溶解性有机碳）：称取 10g 左右土壤风干样品用 1mol/L 盐酸室温下处理 24h 以去除无机碳；用 H$_2$SO$_4$ 于 105℃下水解获取惰性有机碳。土壤碳、氮储量用以下公式计算（Guo and Gifford，2002）：

$$土壤碳或氮储量 = 土壤碳或氮含量 \times 土壤容重 \times 土层深度 \qquad (6-7)$$

采用顶盖埋管原位培养法测定样地净氮矿化速率（Yan et al., 2009）。每个样地设置 5 对配对的土柱。土柱用聚氯乙烯（PVC）管获取，每对样品中的一支留在原地进行培养，另一支取回实验室分析 NO_3^--N、NH_4^+-N 含量及含水量。留在原地的土柱用透气不透水的保鲜膜封闭顶部，培养 30 天后取回实验室测定 NO_3^--N、NH_4^+-N 含量及含水量。培养实验时间选择在植物生长旺季（即 7 月底开始）进行。根据培养时间段内土壤 NO_3^--N、NH_4^+-N 的变化速率来计算净氮矿化速率：

$$\Delta t = t_{i+1} - t_i \tag{6-8}$$

$$A_{nit} = c(NO_3^--N)_{i+1} - c(NO_3^--N)_i \tag{6-9}$$

$$A_{amm} = c(NH_4^+-N)_{i+1} - c(NH_4^+-N)_i \tag{6-10}$$

$$R_{min} = (A_{nit} + A_{amm})/\Delta t \tag{6-11}$$

式中，Δt 为培养时间间隔；R_{min} 为净氮矿化速率；A_{nit} 为 NO_3^--N 变化速率；A_{amm} 为 NH_4^+-N 变化速率；c 为含量。

6.2.7 统计分析

本研究运用方差分析比较草地、灌丛、次生中幼龄林、次生成熟林之间的差异；运用相关分析分析凋落物、细根与其他各因子之间的关系；运用逐步回归分析凋落物与细根的产量、分解速率的影响因素。

6.3 结 果 分 析

6.3.1 植被生物量

研究结果表明，植被总生物量（包括地上和地下生物量）随样地年限的增加而显著上升（图 6-2）。草地、灌丛、次生中幼龄林、次生成熟林的植被生物量均值分别为 $8.53t/hm^2$、$10.94t/hm^2$、$72.03t/hm^2$、$297.88t/hm^2$。方差分析表明，各阶段的生物量差异显著（$P<0.05$）。

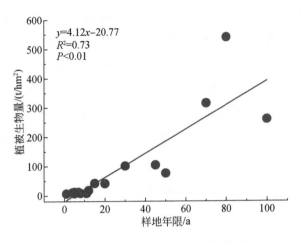

图 6-2　植被生物量与样地年限的关系

6.3.2　地上部分凋落物的组分与产量

凋落收集实验的结果表明，次生林的凋落物组分均以叶为主，叶占凋落物总量的平均比例为 81.5%。随着样地年限的增加，次生演替系列样地来源于草本的凋落物呈现显著下降趋势，而来源于木本植物的凋落物则呈现显著增加趋势（图 6-3）。

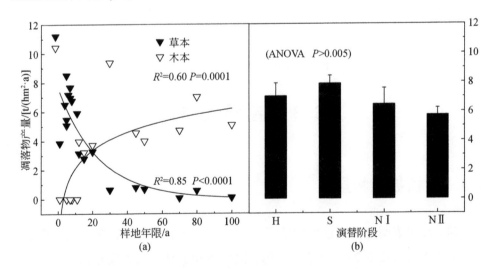

图 6-3　凋落物产量与样地年限的关系（a）及不同演替阶段的凋落物产量（b）

注：H，草地；S，灌丛；N I，次生中幼龄林；N II，次生成熟林

资料来源：Zhang et al., 2013

不过凋落物的总产量与样地年限之间没有显著关系（$P>0.05$）。方差分析的结果也表明，草地、灌丛、次生中幼龄林、次生成熟林每年的总凋落物产量差异不显著，分别为 6.14t/（hm² · a）、6.72t/（hm² · a）、7.09t/（hm² · a）、5.55t/（hm² · a）。

6.3.3 凋落物的化学品质及分解速率

凋落物（林地的凋落物仅包含凋落叶）分解实验的结果表明，经过一年的原位分解，草地、灌丛、次生中幼龄林、次生成熟林凋落物残存比例分别为 22.36%、28.87%、33.12%、43.23%（表6-2）。方差分析表明，成熟林的凋落物分解速率显著低于草地（$P>0.05$）。凋落物的分解速率随样地年限的增加而显著下降（$P<0.05$）[图6-4（c）]。

表 6-2 不同演替阶段样地的凋落物和细根的产量、现存量、分解速率、碳氮输入量

项目	次生草地	次生灌丛	次生中幼龄林	次生成熟林
凋落物产量/[t/（hm² · a）]（n. s.）	6.137±0.79	6.719±0.35	7.086±1.03	5.550±0.69
凋落物分解一年后的残存比例/%	22.36±2.02b	28.87±3.22ab	33.12±7.54ab	43.23±7.54a
凋落物分解速率 k	1.59±0.10a	1.31±0.11ab	1.48±0.20ab	0.91±0.20b
每年通过凋落物输入的碳量/[t/（hm² · a）]（n. s.）	2.845±0.34	3.237±0.18	3.415±0.54	2.739±0.32
每年通过凋落物输入的氮量/[t/（hm² · a）]（n. s.）	0.127±0.03	0.151±0.02	0.153±0.02	0.118±0.01
细根生物量/（t/hm²）	1.19±0.29b	1.20±0.06b	1.83±0.40b	2.84±0.43a
死细根产量/[t/（hm² · a）]（n. s.）	0.679±0.13	1.045±0.26	1.084±0.19	1.103±0.19
细根产量/[t/（hm² · a）]	1.408±0.21bc	1.721±0.21ab	2.110±0.41ab	2.712±0.41a
细根分解一年后的残存比例/%	41.65±6.00bc	27.36±4.11c	52.59±3.39ab	60.45±3.39a
细根分解速率 k	0.94±0.17ab	1.38±0.15a	0.66±0.06bc	0.51±0.06c
每年通过细根生产输入的碳量/[t/（hm² · a）]	0.629±0.09b	0.787±0.09b	1.001±0.21ab	1.285±0.21a
每年通过细根生产输入的氮量/[t/（hm² · a）]（n. s.）	0.016±0.004	0.023±0.003	0.023±0.01	0.030±0.01
每年通过凋落物产生与细根生产输入的碳量/[t/（hm² · a）]（n. s.）	3.474±0.40	4.023±0.22	4.417±0.26	4.024±0.26

项目	次生草地	次生灌丛	次生中幼龄林	次生成熟林
每年通过凋落物产生与细根生产输入的氮量/[t/(hm² · a)](n. s.)	0.143±0.03	0.173±0.02	0.176±0.01	0.147±0.01
地表凋落物现存量/(t/hm²)	2.83±0.59b	3.41±0.31b	4.07±0.68ab	5.43±0.79a

注：n. s. 表示不显著。同行不同字母表示差异显著。下同

资料来源：Zhang 等（2013）

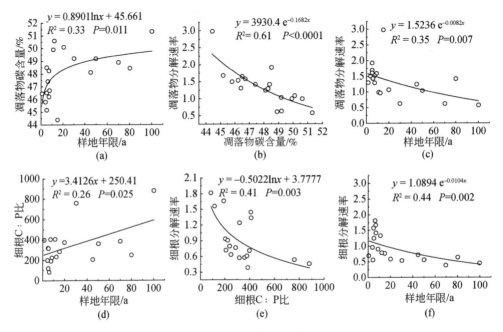

图6-4　凋落物碳含量、凋落物分解速率、样地年限三者间的关系（a～c）及细根的 C/P 值、
分解速率、样地年限三者间的关系（d～f）（Zhang et al.，2013）

草地、灌丛、次生中幼龄林、次生成熟林凋落物的总碳含量分别为46.5%、48.2%、48.0%、49.5%。凋落物的总碳含量随着样地年限的增加而显著上升[图6-4（a）]。方差分析结果表明，成熟林凋落物的碳含量显著高于草地（$P<0.05$）。凋落物的总碳含量与凋落物的木质素含量显著正相关（$r=0.54$，$P=0.017$）。草地、灌丛、次生中幼龄林、次生成熟林凋落物的单宁含量分别为0.44%、1.20%、5.69%、3.12%。方差分析结果表明次生中幼龄林、次生成熟林的单宁含量显著高于草地、灌丛凋落物（$P<0.05$）。

相关分析结果表明，凋落物的分解速率与凋落物初始总碳含量（$r = -0.78$，$P < 0.0001$）、木质素含量（$r = -0.49$，$P = 0.034$），及木质素/总磷值（$r = -0.48$，$P = 0.0036$）存在显著的负相关关系。逐步回归分析结果表明，凋落物初始总碳含量是解释凋落物分解速率变异的主要参数（$R^2 = 0.61$，$P < 0.0001$）[图 6-4（b）]。

6.3.4　地上部分凋落物的现存量

草地、灌丛、次生中幼龄林、次生成熟林样地中，凋落物的现存量（包括地上部分所有凋落物）分别为 $2.83t/hm^2$、$3.41t/hm^2$、$4.07t/hm^2$、$5.43t/hm^2$。方差分析结果表明，次生成熟林样地的凋落物现存量显著高于草地、灌丛（$P < 0.05$）。回归分析表明，样地中凋落物现存量随样地年限的增加而显著上升。凋落物的现存量与凋落物的分解速率存在显著负相关关系，但与凋落物的年产量之间没有显著关系（图 6-5）。

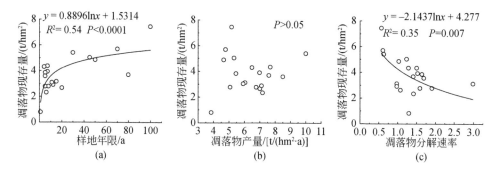

图 6-5　凋落物现存量与样地年限（a）、凋落物产量（b）、凋落物分解速率（c）之间的关系（Zhang et al., 2013）

6.3.5　细根的垂直分布及生物量

细根的垂直分布调查表明，绝大部分细根分布在 0~20cm 土壤层中。草地、灌丛、次生中幼龄林、次生成熟林样地中，0~20cm 土壤层的细根占 0~40cm 土壤层细根的比例分别为 84.9%、74.3%、79.0%、69.5%。

0~20cm 土壤层中，草地、灌丛、次生中幼龄林、次生成熟林样地的平均细

根生物量为 $1.19t/hm^2$、$1.20t/hm^2$、$1.83t/hm^2$、$2.84t/hm^2$。方差分析结果表明，成熟林的细根生物量显著高于草地、灌丛、次生中幼龄林（$P<0.05$）（表6-2）。回归分析表明，细根生物量随样地年限及土壤铵态氮的升高而显著上升（图6-6）。

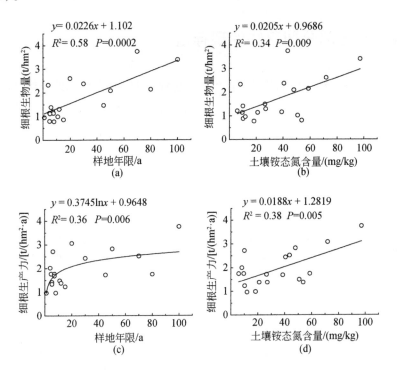

图6-6 细根生物量与样地年限（a）、土壤铵态氮含量（b）以及细根生产力与样地年限（c）、土壤铵态氮含量（d）的关系（Zhang et al., 2013）

6.3.6　细根的产量与周转

细根生产力随样地年限、土壤铵态氮含量的升高而上升（图6-6）。并且，回归分析表明土壤铵态氮含量是解释样地细根生产力变异的主要环境变量。草地、灌丛、次生中幼龄林、次生成熟林细根生产力分别为 $1.408t/(hm^2 \cdot a)$、$1.721t/(hm^2 \cdot a)$、$2.110t/(hm^2 \cdot a)$、$2.71t/(hm^2 \cdot a)$。次生成熟林细根生产力显著高于草地，其他各类间差异不显著（表6-2）。草地、灌丛、次生中幼龄林、次生成熟林死细根的年产量分别为 0.679t/（hm² · a）、1.045t/（hm² · a）、1.084t/（hm² · a）、1.103t/（hm² · a），但各阶段的差异未达到显著水平。细根的生产力随土壤铵态氮含量的升高而显著上升。

草地、灌丛、次生中幼龄林、次生成熟林细根周转速率分别为 1.94 次/年、2.18 次/年、1.92 次/年、1.60 次/年。但不同阶段的细根周转速率差异尚未达到显著水平。

6.3.7 细根的化学品质及分解速率

细根的 C/P 值随着样地年限的增加而显著升高（图 6-4）。草地、灌丛、次生中幼龄林、次生成熟林的 C/P 值分别为 213.5、274.5、407.0、541.6。方差分析结果表明，次生成熟林的 C/P 值显著高于草地（表 6-3）。草地、灌丛、次生中幼龄林、次生成熟林的总碳含量分别为 44.7%、45.9%、47.8%、47.1%。次生中幼龄林、次生成熟林的总碳含量显著高于草地（表 6-3）。细根的总碳含量随样地年限的增加而显著上升（$R^2 = 0.33$，$P = 0.01$）。草地、灌丛、次生中幼龄林、次生成熟林细根的木质素含量分别为 24.8%、24.4%、40.6%、33.8%。次生中幼龄林、次生成熟林细根的木质素含量显著高于草地、灌丛。

表 6-3 不同演替阶段样地的凋落物和细根的化学品质

项目	次生草地	次生灌丛	次生中幼龄林	次生成熟林
凋落物碳含量/%	46.5±0.6b	48.2±0.7ab	48.0±1.3ab	49.5±0.6a
凋落物氮含量/%（n.s.）	2.02±0.21	2.23±0.18	2.18±0.06	2.15±0.12
凋落物磷含量/%	0.31±0.05a	0.22±0.04ab	0.20±0.07ab	0.15±0.02b
凋落物木质素含量/%（n.s.）	22.6±1.8	23.5±4.2	29.2±6.4	27.5±3.9
凋落物丹宁含量/%	0.44±0.12b	1.20±0.67b	5.69±1.35a	3.12±0.92a
凋落物碳氮比（n.s.）	23.9±2.4	22.3±2.0	22.1±1.1	23.2±1.0
凋落物氮磷比	7.0±1.0b	11.8±2.0ab	13.3±2.6a	14.9±2.4a
凋落物碳磷比	166.8±28.4b	248.9±37.5ab	297.7±64.2a	337.4±40.7a
凋落物木质素/总氮比（n.s.）	11.8±1.9	10.7±1.8	13.7±3.3	12.8±1.7
细根碳含量/%	44.7±0.4b	45.9±0.4ab	47.8±1.2a	47.1±0.6a

项目	次生草地	次生灌丛	次生中幼龄林	次生成熟林
细根氮含量/% （n.s.）	1.06±0.16	1.34±0.10	1.23±0.25	1.07±0.17
细根磷含量/% （n.s.）	0.21±0.05	0.22±0.07	0.15±0.03	0.12±0.03
细根木质素含量/%	24.8±4.6c	24.4±2.6b	40.6±5.7a	33.8±2.9ab
细根丹宁含量/% （n.s.）	1.26±0.68	2.01±0.81	1.68±0.62	1.51±0.51
细根碳氮比 （n.s.）	45.3±5.4	35.2±2.6	44.2±9.4	47.1±6.5
细根氮磷比 （n.s.）	5.5±0.8	8.1±1.7	9.0±1.2	10.6±3.3
细根碳磷比	213.5±41.8b	274.5±52.2ab	407.0±122.3ab	541.6±140.4a
细根木质素/总氮比 （n.s.）	25.8±6.6	18.6±2.3	40.4±13.6	35.1±7.5

资料来源：Zhang 等（2013）

分解一年后，草地、灌丛、次生中幼龄林、次生成熟林样地中细根生物量的残存比例分别为41.65%、27.36%、52.59%、60.45%。次生成熟林的细根残存比例显著高于草地、灌丛（表6-2）。草地、灌丛、次生中幼龄林、次生成熟林样地的细根分解速率系数（k）分别为0.94、1.38、0.66、0.51。细根分解速率随样地年限、C/P值的增加而显著下降（图6-4）。回归分析的结果表明，细根分解速率与细根的初始木质素含量（$r = -0.48$，$P = 0.038$）、碳/氮比（$r = -0.55$，$P = 0.02$）、木质素/总氮比、C/P值等参数显著负相关；与细根的初始总磷含量、总氮含量显著正相关（$P < 0.05$）。逐步回归分析表明细根的初始 C/P 值是解释细根分解速率变异的主要品质参数（$R^2 = 0.41$，$P = 0.003$）（图6-4）。

6.3.8 通过凋落物和细根输入的总碳

方差分析表明，草地、灌丛、次生中幼龄林、次生成熟林每年通过地上部分凋落物输入的碳差异不显著（表6-2），分别为2.85t/（$hm^2 \cdot a$）、3.24t/（$hm^2 \cdot a$）、3.42t/（$hm^2 \cdot a$）、2.74t/（$hm^2 \cdot a$）。回归分析表明，通过地上部分凋落物每年输入的碳与样地年限之间也没有显著的关系（图6-7）。草地、灌丛、次生中幼龄林、次生成熟林每年通过细根的死亡输入的碳分别为0.30t/（$hm^2 \cdot a$）、0.48t/（$hm^2 \cdot a$）、0.51t/（$hm^2 \cdot a$）、0.52t/（$hm^2 \cdot a$），不过各阶段之间的差异尚未达到显著水平（$P > 0.05$）。

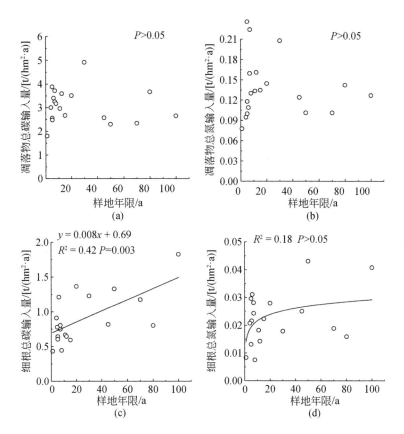

图 6-7　凋落物（a、b）和细根（c、d）的每年总碳、总氮输入量
随样地年限增加的变化趋势（Zhang et al., 2013）

草地、灌丛、次生中幼龄林、次生成熟林每年通过细根生产力分配到地下的碳分别为 0.629t/（hm² · a）、0.787t/（hm² · a）、1.001t/（hm² · a）、1.285t/（hm² · a）。方差分析表明，次生成熟林每年通过细根生产力分配到地下的碳显著高于草地和灌丛。回归分析表明，通过细根生产力每年分配到地下的碳随样地年限的增加而显著升高（图 6-7）。

对于每年通过凋落物和细根的产量输入的总碳而言，草地、灌丛、次生中幼龄林、次生成熟林之间的差异不显著（表 6-2），而且与样地年限也没有显著的相关关系。

6.3.9 通过凋落物和细根输入的总氮

草地、灌丛、次生中幼龄林、次生成熟林每年通过地上部分凋落物输入的氮差异不显著（表6-2），分别为 0.13t/（hm^2·a）、0.15t/（hm^2·a）、0.15t/（hm^2·a）、0.12t/（hm^2·a）。对于通过细根的死亡每年输入的总氮，草地、灌丛、次生中幼龄林、次生成熟林之间的差异不显著。

通过细根生产力每年分配到地下的氮随样地年限的增加而显著升高（图6-7）。但草地、灌丛、次生中幼龄林、次生成熟林之间的差异不显著，分别为 0.016t/（hm^2·a）、0.023t/（hm^2·a）、0.023t/（hm^2·a）、0.030t/（hm^2·a）。

对于每年通过凋落物和细根的产量输入的总氮而言，草地、灌丛、次生中幼龄林、次生成熟林之间的差异不显著（表6-2）。

6.3.10 土壤总碳、有机碳、惰性有机碳

草地、灌丛、次生中幼龄林、次生成熟林样地 0～20cm 土壤中，总碳的储量分别为 39.50t/hm^2、43.48t/hm^2、62.41t/hm^2、69.37t/hm^2。方差分析的结果表明，次生成熟林的总碳储量高于草地、灌丛；次生中幼龄林的总碳储量高于草地（表6-4）。草地、灌丛、次生中幼龄林、次生成熟林样地的有机碳储量分别为 32.82t/hm^2、38.89t/hm^2、54.39t/hm^2、64.15t/hm^2。次生成熟林样地的有机碳储量显著高于其他 3 个阶段（表6-4）。草地、灌丛、次生中幼龄林、次生成熟林样地惰性有机碳储量分别为 19.05t/hm^2、24.73t/hm^2、31.74t/hm^2、40.33t/hm^2。次生成熟林样地的惰性有机碳储量显著高于其他 3 个阶段（表6-4）。回归分析表明，土壤总碳、有机碳、惰性有机碳储量均随样地年限的增加而显著升高（图6-8）。

表6-4 不同演替阶段样地的土壤特征

项目	次生草地	次生灌丛	次生中幼龄林	次生成熟林
总碳储量/（t/hm^2）	39.50±6.90c	43.48±7.33bc	62.41±2.15ab	69.37±7.48a
有机碳储量/（t/hm^2）	32.82±5.04b	38.89±6.94b	54.39±7.53ab	64.15±11.37a
惰性有机碳储量/（t/hm^2）	19.05±3.30b	24.73±4.50b	31.74±4.22ab	40.33±7.13a

续表

项目	次生草地	次生灌丛	次生中幼龄林	次生成熟林
总氮储量/(t/hm²)(n. s.)	2.81±0.42	3.14±0.54	3.93±0.84	4.49±0.66
碳氮比(n. s.)	12.93±0.92	12.34±0.84	15.56±2.80	14.09±0.47
氮磷比(n. s.)	2.70±0.41	2.91±0.38	3.34±1.28	5.08±1.34
碳磷比	34.53±5.73b	36.04±4.79b	47.27±13.38ab	82.10±18.84a
总磷含量/%(n. s.)	0.056±0.02	0.049±0.01	0.079±0.03	0.048±0.01
总钾含量/%(n. s.)	1.15±0.25	0.90±0.19	0.93±0.18	0.84±0.22
速效磷含量/(mg/kg)(n. s.)	10.10±3.91	11.17±5.20	17.04±12.01	6.42±1.81
速效钾含量/(mg/kg)(n. s.)	141.71±30.29	107.58±35.24	158.38±22.90	157.15±22.12
无机氮含量/(mg/kg)	43.26±11.86b	51.14±10.44ab	59.36±9.59ab	84.23±13.37a
氨态氮含量/(mg/kg)	20.44±8.49b	25.69±6.98b	37.37±13.10ab	61.83±12.20a
硝态氮含量/(mg/kg)(n. s.)	22.83±6.30	25.45±7.28	21.99±9.15	22.39±6.87
净氮矿化速率/[mg/(kg·d)]	0.65±0.37b	0.83±0.11b	1.94±0.60ab	2.28±0.30a

资料来源：Zhang 等(2013)

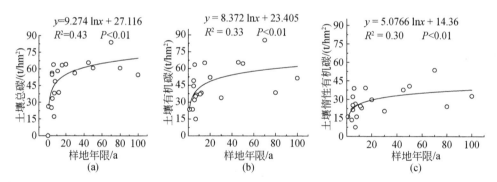

图 6-8　土壤总碳（a）、有机碳（b）、惰性有机碳（c）储量
随样地年限增加的变化趋势（Zhang et al., 2013）

6.3.11　土壤净氮矿化速率、氮含量等土壤参数

草地、灌丛、次生中幼龄林、次生成熟林样地土壤净氮矿化速率分别为
0.65mg/(kg·d)、0.83mg/(kg·d)、1.94mg/(kg·d)、2.28mg/(kg·d)；土壤
铵态氮含量分别为 20.44mg/kg、25.69mg/kg、37.37mg/kg、61.83mg/kg。次生
成熟林样地的铵态氮含量、净氮矿化速率显著高于草地、灌丛、次生中幼龄林
（表6-4）。草地、灌丛、次生中幼龄林、次生成熟林的硝态氮含量、总磷含量、

总钾含量、速效磷含量、速效钾含量均没有显著差异（表6-4）。回归分析结果表明，土壤总氮含量、土壤铵态氮含量、土壤净氮矿化速率随样地年限的增加而升高，土壤容重随样地年限的增加而下降（图6-9，图6-10）。

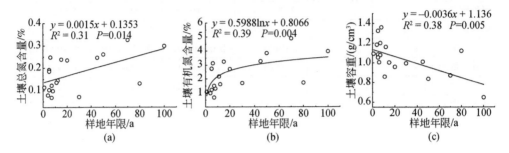

图6-9 土壤总氮（a）、有机氮（b）含量、容重（c）随样地年限增加的变化趋势

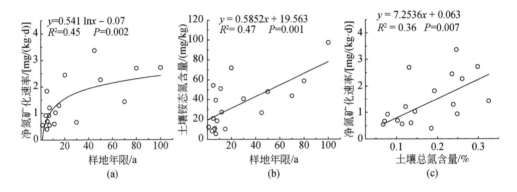

图6-10 土壤净氮矿化速率（a）、土壤铵态氮含量（b）随样地年限增加的变化趋势及
土壤总氮含量与土壤净氮矿化速率之间的关系（c）（Zhang et al., 2013）

6.4 讨   论

6.4.1 生态系统自然恢复过程中植被生物量及土壤碳的积累

本研究表明，经过封育后，生态系统的生物量、土壤碳均显著积累（图6-2、图6-8）。本研究的结果显示，在几十年或100年的时间尺度内，生物量随样

地年限的增加而呈现出线性上升的趋势，说明由封山育林形成的次生林具有较好的固碳能力。前人的研究表明，对于受损生态系统或退化生态系统，通过合适的恢复措施（如物理环境的改良、干扰的减缓、非生物与生物障碍排除、组分与结构重建等）后，生态系统的结构和功能可以在一定程度上得到恢复（任海等，2004；Davidson et al.，2007；Zhang et al.，2010a）。生态工程的实施，正是通过人为干预，以一种减缓干扰、排除生物或非生物障碍的方式来促进受损生态系统恢复。因此，本研究表明，随着植被恢复，生态系统的固碳等生态功能也能得以恢复。

土壤总碳、有机碳、惰性有机碳均随样地年限的增加而上升（图 6-8），主要是因为随着植被恢复，来源于植物的有机碳在土壤中持续积累。通过曲线拟合得到的对数曲线表明，随着森林的成熟，土壤中的碳积累速率会减缓（图 6-8）。植被与土壤管理措施改变后，有许多因素与过程决定着土壤有机碳含量变化的速率与方向（Post and Kwon，2000）。例如：①增加有机质的输入速率；②改变有机质输入的可分解性（尤其是轻组有机质 LF-OC）；③通过直接（增加地下有机质的输入）或间接（通过土壤生物加强表面混合）途径将有机质置于更深层土壤中；④通过团聚体（intra-aggregate）或有机物-矿质复合体（organomineral complexes）增强物理保护（张克荣，2011）。Post 和 Kwon（2000）通过回顾和分析已发表的研究数据后提出，当耕地转换成为森林和草地后，土壤碳积累的平均速率分别为 33.8gC/（cm² · a）、33.2gC/（cm² · a）。不过也有研究表明，造林或森林恢复并不会显著增加土壤碳。例如，Vesterdal 等（2002）发现在耕地上造林后，30 年内并没有导致土壤有机碳 SOC 增加，只是引起 SOC 在土壤剖面的重新分配（Vesterdal et al.，2002）。因此，本研究观察到的土壤有机碳随植被恢复显著积累不同于 Vesterdal 等（2002）的研究结果。本研究的结果表明，随着植被恢复，土壤可以成为一个可观的碳汇。

6.4.2 生态系统自然恢复过程中凋落物与细根产量的变化

虽然草地、灌丛、次生中幼龄林、次生成熟林植被特征相差甚远，并且样地中来自木本的凋落物随样地年限的增加而显著增加，但是，草地、灌丛、次生中幼龄林、次生成熟林的凋落物总产量并没有显著差异，而且凋落物的总量与样地年限之间没有显著关系。主要原因可能是随着样地年限的增加，来自草本的凋落物显著下降，因此，虽然来自木本的凋落物显著增加，但生态系统地上部分凋落物总量变化不大。这种凋落物产量不随次生演替发生显著变化的模式不同于现有报道的结论。一般认为，演替过程中，凋落物的产量呈现增加的趋势（Waring and Schlesinger，1985；Gower et al.，1994；张庆费等，1999；Menezes et al.，2010），在接近林冠闭合时期或林冠闭合后凋落物产量可能达到最大值，然后维持在稳定状态或下降（Waring and Schlesinger.，1985；Gower et al.，1994；Uselman et al.；2007）。Menezes 等（2010）对不同演替阶段（演替起始、中期、后期）森林的凋落物研究表明，虽然不同阶段差异不显著，但凋落物输入随演替而增加的趋势仍然存在。张庆费等（1999）对中国浙江天童山常绿阔叶林演替过程的研究表明，凋落物量随演替梯度呈增长的趋势。另外，Ostertag 等（2008）对位于波多黎各（Puerto Rico）的次生演替系列森林的研究发现，在研究的第一年不同林龄之间总凋落物产量差异显著，但研究的第二年差异不显著。不过这些研究都没有涉及次生演替的草本阶段、灌木阶段。

与地上部分凋落物产量的模式不同，细根的生产力、生物量均随样地年限增加而显著升高。不过除次生成熟林的细根生产力显著高于草地外，其他各类间差异不显著。细根生产力、生物量随样地年限增加而升高的模式在世界其他森林演替系列中也有观测到（Makkonen and Helmisaari，2001；Hertel et al.，2006；Uselman et al.，2007；Yang et al.，2010）。不过也有一些研究观察到了不同的结果。例如，有研究发现细根生物量与林龄没有显著关系（Vanninen and Mäkelä，1999）、不同演替阶段细根生物量差异不显著（Finéer et al.，1997）、细根生物量随演替呈"U"形变化趋势（Yan et al.，2009）。演替过程中细根产量、生物量的增加主要是由于植被物种、丰富度、分布的改变（Connin et al.，1997；Gill and Burke，1999；Yang et al.，2010）。在地上部分生物量与产量增加的演替阶段，需要细根生物量和产量的增加以支撑足够多的水和养分需求（Uselman et al.，2007；Yang et al.，2010）。本研究中细根生产力与生物量随土壤铵态氮含量、净氮矿化速率的升高而升高，说明土壤氮素的可利用性可能影响细根生产力。King 等（2002）已经观测到通过施肥能增加细根的净初级生产力。Uselman 等（2007）的研究也表明土壤氮含量是细根生产力最好的预测指标。不过，考虑到本研究中土壤铵态氮含量、净氮矿化速率也随样地年限的增加而升高，因此，氮素的可利用性与细根生产力之间是否存在因果关系需要进一步研究（张克荣，2011）。

6.4.3 生态系统自然恢复过程中凋落物与细根分解的变化

本研究的结果表明，随样地年限增加，凋落物分解速率显著下降。凋落物的起始碳含量是解释凋落物分解速率的主要变量。进一步分析发现，随着次生演替的进行，凋落物碳含量显著升高。因此可以推测，次生演替过程中，凋落物碳含量的升高，导致了分解速率的下降（图6-4）。

随着样地年限的增加，细根的分解速率显著下降。细根的初始C/P值是解释细根分解速率的主要变量。同时本研究也观测到，C/P值随样地年限的增加而显著上升。因此，我们的结果表明，植被恢复过程中，细根C/P值升高，进而引起细根可分解性降低。

植被恢复过程中，凋落物和细根化学品质的改变主要是因为物种的演替。前人的研究已经表明，在演替早期，草本因生长迅速、防御性物质含量少，因此产生的凋落物容易分解；演替后期植物生长相对缓慢、防御性物质含量相对较多，因此产生的凋落物较难分解（Cortez et al.，2007；Marín-Spiotta et al.，2008；Castro et al.，2010）。本研究中，凋落物和细根的碳含量随着样地年限的增加而升高，表明与可分解性相关的凋落物品质随植被演替而发生改变。主要的原因是植被恢复过程中木本植物的增加、草本植物的减少（图6-3）。森林样地细根具有更高的木质素含量、单宁含量，表明森林样地的细根产生了更难分解的物质。森林样地能产生枯枝、树皮等凋落物，这类非叶凋落物比凋落叶具有更高的木质素含量（O'Connell，1987）。

凋落物的分解受多种因素影响，如凋落物品质（如氮含量、木质素含量、纤维素含量、C/N值、N/P值、木质素/N值等）、环境因素（如气候、植被、土壤肥力等）、分解者（Aerts，1997；Silver and Miya，2001；Xuluc-Tolosa et al.，2003；Cortez et al.，2007；Mayer，2008；Zhou et al.，2008；Kazakou et al.，2009；Castro et al.，2010）。木质素含量、C/N值、木质素/N值等通常被认为是预测分解速率的品质指标（Aerts，1997；Zhou et al.，2008）。不过也有例外，如在Montado森林生态系统中，Castro等（2010）发现这三个指标与分解速率没有显著的相关性。Hoorens等（2003）发现，凋落物的初始碳、磷与分解速率显著相关，碳含量高的凋落物分解更慢。在一项全球凋落物分解实验的总结性研究中，Aerts（1997）发现在温带地区，凋落物的化学品质参数不能作为分解速率的良好预测指标。本研究中，凋落物的分解速率与凋落物碳含量、木质素含量、木质素/P 值等显著负相关，而且，凋落物的碳含量与木质素含量显著正相关。我们推测，随着植被恢复，凋落物中碳含量的升高可能与结构性聚合物含量上升有关，如木质素、纤维素、半纤维素。

本研究所揭示的演替过程中凋落物和细根的分解模式与已有的研究结果存在一定的不同之处。例如，Ostertag 等（2008）研究发现，森林演替过程中，凋落物的分解速率不随林龄的变化而变化，并且提出立地条件是比凋落质量更重要的凋落物分解控制因素。并且，他们发现林龄为 60 年的样地细根分解速率显著快于林龄为 10 年、30 年的样地。Mayer（2008）通过比较三种演替阶段（弃耕地、平均树龄 16.5 年的过渡森林、平均树龄 75.1 年的老龄林）生态系统的凋落物分解速率发现，老龄林的分解速率最快。其认为主要原因是老龄林具有更密的林冠与更厚的凋落层，使得夏季时林下较湿润、温度较低，从而改变微型分解者的丰富度与结构，或者通过影响大型食屑者的取食行为，继而促进凋落物分解。Xuluc-Tolosa 等（2003）对处于不同演替阶段（林龄为 3 年、13 年、>50 年）的 3 个森林样地的研究结果表明，与较晚演替阶段森林相比，较早演替阶段具有更快的凋落物分解速率。Cortez 等（2007）对地中海以草本为主的废弃地演替系列的研究表明，演替早期群落的凋落物具更快的分解速率。Kazakou 等（2006；2009）也发现地中海演替系列中演替早期的物种产生的凋落物比演替较后阶段的分解速率更快，并且发现凋落物可分解性受凋落物特征的影响而不受土壤氮供应的影响。

可见，世界范围内已报道的凋落物与细根分解速率随演替过程变化的模式差别很大，这主要是由于演替过程中生态系统的生物与非生物因子改变的趋势十分复杂。例如，凋落物与细根的化学特征、立地条件（如植被特征、微气候、土壤肥力等）、分解者等，这些因素都有可能影响分解速率（Aerts，1997；Silver and Miya，2001；Cortez et al.，2007）。以目前已有的知识预测这些影响因素随演替过程的变化仍然存在困难，因此对于生态系统演替过程中凋落物与细根分解速率的变化规律的充分认识仍然需要更多的深入研究。

6.4.4　凋落物与细根输入的 C、N

凋落物和细根是凋落物层、地下 C、N 输入的主要来源（Xuluc-Tolosa et al.，

2003；Steinaker and Wilson，2005；Uselman et al.，2007；Ostertag et al.，2008）。本研究的结果表明凋落物现存量随样地年限的增加而显著增加，说明随着植被恢复，生态系统的枯枝落叶层也能积累有机碳。我们发现凋落物现存量与凋落物的产量关系不显著，但随分解速率的增加而显著下降。而且，次生成熟林样地的凋落物现存量显著高于草地、灌丛。同时我们观测到，由于来自木质植物凋落物的增加和来自草本植物凋落物的减少，每年通过凋落物输入的生物量与样地年限之间没有显著的关系，草地、灌丛、次生中幼龄林、次生成熟林各阶段之间的差异也没有达到显著水平。因此我们推测生态系统恢复过程中凋落物层生物量碳的积累，可能更主要是由于凋落物分解速率下降所导致，而非年凋落物输入量的增加。

与凋落物输入不同，通过细根生长每年分配到地下的C、N随样地年限的增加而增加。对于输入的总碳而言，次生成熟林显著高于草地、灌丛。可见，随着植被的自然恢复，通过细根生长输入地下的总碳、总氮均增加。不过，对于每年通过细根的死亡输入的碳、氮，草地、灌丛、次生中幼龄林、次生成熟林之间的差异不显著，每年细根死亡量与样地年限之间没有显著的关系。

Steinaker 和 Wilson（2005）对加拿大相邻的草地与森林的研究表明，虽然生境特征相差甚远，且森林的地上凋落物是草地的 3 倍，但细根占总凋落物的80%~90%。因此，他们发现森林与草地的总凋落物产量差异（包括凋落物与细根）并不显著，同样，对于总凋落物产量输入的总氮量，森林与草地的差异也不显著。我们的研究表明，在生态系统恢复过程中，每年通过地上部分凋落物、死细根输入的总碳、总氮量并没有显著的变化。不过通过细根每年分配到地下的C、N 随样地年限的增加而增加。

6.5 小　　结

本研究系统研究了封育过程中，生态系统生物量、土壤碳的积累动态，探讨了枯枝落叶层生物量、土壤碳积累的机制。结果发现，随着植被的自然恢复，植被生物量、枯枝落叶层生物量、土壤碳均随样地封育年限的增加而显著升高。因此，本研究验证了在水热条件较好的区域，封山育林是促进生态系统固碳的有效工程措施。由封山育林形成的次生林具有较好的固碳能力。

地上部分凋落物的产量与 C、N 的输入受演替阶段的影响较小。虽然次生演替系列中木本植物凋落物随样地年限的增加而显著增加，但来自草本的凋落物显著下降，从而导致整体上每年通过凋落物输入的总生物量、总碳、总氮与样地年限之间没有显著的关系，草地、灌丛、次生幼林、次生成熟林之间也没有显著差异。次生演替系列样地的死地被物现存量随样地年限的增加而显著增加，生态系统演替过程中死地被物的积累，更主要是由于凋落物分解速率下降所导致，而非年凋落物输入量的增加。细根生长每年分配到地下的 C、N 随样地年限的增加而增加，细根每年死亡量与样地年限之间没有显著的关系，每年通过细根的死亡输入的 C、N，草地、灌丛、次生幼林、次生成熟林之间的差异不显著。次生演替过程中，凋落物和细根化学品质的变化，导致了分解速率的下降。通过本研究可以认为，生态系统演替与恢复过程中，凋落物与死细根产量的变化对输入地下的 C、N 量的影响并不强烈，而凋落物和细根化学品质与分解速率的变化可能是影响地下 C、N 积累的重要因素。

| 第7章 | 防护林碳、氮循环过程研究——
以湖北丹江口五龙池流域为例

7.1 引　言

　　土壤是陆地生态系统中主要的碳库，是温室气体的重要排放源或汇，对全球气候变化起着重要作用。土地利用方式的改变会导致土壤相关微环境及其生理生化过程发生改变，从而显著影响土壤中温室气体的产生与排放。土地利用的改变可影响陆地生态系统中大多数的生物化学过程，其中最主要的是全球碳（C）循环过程（Guo and Gifford, 2002；Montane et al., 2007；Li and Mathews, 2010）。土地利用及其结构的变化能影响生态系统的物质循环和能量流动，改变土壤的水分、养分。通过影响土壤有机物的输入而改变土壤有机碳的分解，从而改变土壤有机碳储存量。土地利用还可以影响二氧化碳（CO_2）通量的变化，且其影响与环境因素有密切关系。

　　土壤有机碳（SOC）是全球陆地生态系统碳库中的重要内容，由碳输入（凋落物和根系）和输出（土壤呼吸）间的平衡决定。土壤有机碳的微小改变可能对大气 CO_2 浓度有重要影响（Bellamy et al., 2005；Davidson and Janssens, 2006；Yang et al., 2010）。研究发现 SOC 几乎完全由本地的植被生长获得，因植被组成的改变而改变，而 SOC 的输出很大程度上取决于土壤呼吸。土壤呼吸是一个由多种环境因素如温度和湿度调控的生物过程（包括根系和微生物呼吸），具有高度的时间和空间变异性。

　　CO_2 是大气中含碳的重要气体，也是碳参与物质循环的主要形式。森林生态系统由于具有较高的储存密度，能够长期影响大气碳库，因此在全球碳循环过程中起着重要的调控作用。一方面，森林中的动物、植物和微生物的呼吸以及枯枝落叶的分解氧化等过程，以 CO_2、甲烷（CH_4）等形式向大气释放碳，是碳的释放源。另一方面，森林是碳的主要吸收者，通过植物光合作用吸收大气中的

CO_2。土壤呼吸是土壤有机碳的主要输出形式。主要通过根系呼吸和根际微生物的消耗进行调节。

氮（N）是陆地生态系统净初级生产力的重要限制因子（Elser et al.，2007）。而土壤氮生物地球化学循环作为土壤物质循环的重要组成部分，不仅影响土壤质量和生态系统生产力，还会影响全球环境变化。土壤氮库中99%的氮以有机氮的形式存在，植物能够吸收利用的有效氮则主要以铵态氮（NH_4^+-N）和硝态氮（NO_3^--N）等无机态存在。土壤氮库中的有机氮必须不断地通过微生物的矿化、硝化作用转化为无机氮供植物吸收利用（Chapin et al.，2002）。然而土壤氮作为植物生长发育所必需的大量元素却又极易通过淋溶作用损失，进而进入水体污染生态环境（Rabalais，2002）。土壤氮素的矿化、硝化作用主要受土壤温度、土壤含水量和pH等环境因子（Knoepp and Swank，2002），以及凋落物的输入和土壤微生物等生物因素（Templer et al.，2005）的影响。土地利用类型变化会引起生态系统环境因子和生物因素改变，进而影响土壤氮循环。

森林恢复作为一项重要生态恢复措施，正带来一系列的环境效应，也潜在影响土壤生态系统，特别是对土壤碳、氮循环变化的影响。森林恢复与退化耕地的恢复，与碳、氮、水循环密切相关，是应对环境变化的重要措施。近几十年，在丹江口库区周围有一大片未开垦的土地转化成森林和灌丛，以保护和重建河岸生态系统，调节陆地生态系统中土壤有机碳、氮库。因森林恢复对土壤有机库的影响存在正效应、负效应或零效应，为探讨森林恢复在不同环境条件改变下，对土壤生态系统有机库碳、氮循环的影响，更好地为政府实施大型林业工程提供理论指导，本研究以丹江口库区森林恢复区（不同土地利用类型下的森林恢复）为研究地点，采用土壤分馏技术与碳氮稳定同位素相结合的方法对土壤组分进行解剖，并采用静态箱-气相色谱法进行森林恢复后的土壤呼吸测定，研究森林恢复对土壤有机碳、氮循环的影响机制。

7.2　材料和方法

7.2.1　研究区域概况

丹江口水库是南水北调中线工程的水源地（Zhang et al.，2009），位于汉江和丹江口的交汇处，库区流域面积 6486.3km²。研究地位于丹江口市清塘河流域的习家店镇五龙池村（32°45′N，111°13′E，海拔 325～385m）。库区地处北亚热带和北暖温带的过渡地带，属于北亚热带季风性气候，冬夏温差大。年均气温15.7℃，极端最高温度 42.6℃，极端最低温度-13.2℃；年平均相对湿度 70%；年均降水量 834mm，降水分布不均，其中 5～10 月降水量占全年降水量的 80%，且降雨强度大（Liu et al., 2012）。研究区土壤类型以黄棕壤和石灰土为主，土层厚度为 20～40cm，坡耕地土层厚度一般不足 30cm。植物种类主要为松类针叶树种（如侧柏），灌木栽植（如刺槐、棉槐）（朱明勇等，2010），农作物栽植（油菜、花生）（Li et al., 2014）。农耕地耕作措施为传统的农业措施，包括土壤0.4m 的耕地，矿物施肥，化学除草。农耕地地上作物生物量进行定期收割。

7.2.2　样地选择、样品采集，样品的分析测定

在研究区选择三个重复样带，样带面积大约 75hm²（1500m×500m），样带与样带之间的距离大约为 1000m。样地用 GPS 进行定位，并记录地形地貌特征。每个样带包含相毗邻连接的三种土地利用类型：森林区、灌木区和农田区（对试验地样带进行了详细全面的植被与土壤调查，以确保三个样带具有相似性和可比性）。在每个样带中，按照森林、灌丛和农田三种土地利用类型分别选择 3 个约500m² 的样地（10m×50m），再在每个样地中选择 12 个小样方（2m×2m），其中6 个分布在植物根系下，6 个分布在植被行列之间的空白区（空白对照）。每个小样方中，用直径为 5cm 的土壤采集器分别采集 2 个土壤层（0～10cm 和 0～30cm）的土壤样品，每个土地利用类型取 72 个样品，共 216 个样品。收集样方周围 30cm×30cm 范围内的叶和凋落物，以及 30cm×30cm 范围内 2 个土壤层中的植物根系。采样过程中记录土壤温度、湿度和大气温度。

将采回的植物和土壤样品分别进行处理。

植被生物量：处理干净的植物样本（凋落物和根）在 65℃ 条件下烘至恒重称重，获得其生物量值。

土壤含水量：称取 20g 新鲜土样于 50ml 烧杯中，放入烘箱在 105℃ 下烘 24h至恒重。

土壤 pH：电位法。称取通过 2mm 孔径筛子的风干土样 10g 于 50ml 高型烧杯

中，加入去除 CO_2 的蒸馏水 25ml（土液比为 1∶2.5），用玻璃棒搅拌 2min 使土样充分分散，静止 30min 至溶液澄清后用校正过的 pH 计测定上清液 pH。

土壤容重：环刀法。铲平土壤表面，用力均衡地将环刀垂直打入土中，取出后用削土刀削平环刀上下两端的土面。带回实验室后称量环刀内土壤重量，并测定土壤含水量。计算公式：

$$容重(g/cm^3) = \frac{m \times 100}{V \times (100+W)} \qquad (7-1)$$

式中，m 为环刀内新鲜土壤重量（g）；V 为环刀体积（cm^3）；W 为土壤含水量（%）。

土壤铵态氮（NH_4^+-N）含量：靛芬蓝比色法。称取相当于 20g 干土的新鲜土样于 250ml 三角瓶中，加入 2mol/L KCl 溶液 100ml，在振荡机上振荡 1h。取 10ml 滤液于 50ml 容量瓶中，加入 5ml 苯酚溶液和 5ml 次氯酸钠碱性溶液，摇匀，静置 1h，加掩蔽剂 2ml 溶解产生的沉淀物，定容。在分光光度计上用 1cm 比色皿在 625nm 波长处进行比色，读取吸光度值。计算公式：

$$土壤中 NH_4^+-N 含量(mg/kg) = \frac{c \times V \times ts}{m \times (1-W/100)} \qquad (7-2)$$

式中，c 为从标准曲线查得的显色液 NH_4^+-N 浓度（μg/ml）；V 为显色液体积（ml）；ts 为分倍系数；m 为土样重量（g）；W 为土壤含水量（%）。

土壤硝态氮（NO_3^--N）含量：酚二磺酸比色法。称取相当于 20g 干土的新鲜土样于 250ml 三角瓶中，加入 $0.2gCaSO_4 \cdot 2H_2O$ 和 100ml 蒸馏水，在振荡机上振荡 30min。取 10ml（农田）/25ml（侧柏人工林和灌木林地）滤液于 125ml 蒸发皿中，加入约 $0.05g\ CaCO_3$，在水浴上蒸干，到达干燥时不应继续加热。冷却，迅速加入酚二磺酸试剂 2ml，将蒸发皿旋转使试剂接触到所有的蒸干物。静置 10min 后，加入 20ml 蒸馏水，用玻璃棒搅拌直到蒸干物完全溶解。冷却后缓缓加入 1∶1 NH_4OH 并不断搅拌混匀，至溶液显黄色不再加深，再多加 2ml 以保证 NH_4OH 过量。然后将溶液全部转入 50ml 容量瓶中，定容。在分光光度计上用 1cm 比色皿在 420nm 波长处进行比色，读取吸光度值。计算公式：

$$土壤中 NO_3^--N 含量(mg/kg) = \frac{c \times V \times ts}{m \times (1-W/100)} \qquad (7-3)$$

式中，c 为从标准曲线查得的显色液 NO_3^--N 浓度（μg/ml）；V 为显色液体积

（ml）；ts 为分倍系数；m 为土样重量（g）；W 为土壤含水量（%）。

土壤微生物生物量碳、氮（MBC/MBN）：氯仿熏蒸浸提法。将通过 2mm 孔径筛子的新鲜土壤放入 250ml 烧杯中，加蒸馏水调节土壤含水量至 50% 的田间持水量，将烧杯移入真空干燥器内（干燥器内预先放入盛有 1mol/L NaOH 溶液的烧杯），然后将干燥器放入恒温培养箱中在 25℃ 条件下预培养 10 天。预培养结束后更换 NaOH 溶液，并放入盛有去乙醇氯仿的烧杯（烧杯内放置 3 颗玻璃珠防止氯仿爆沸）。用真空泵将干燥器抽真空，待氯仿沸腾后再持续抽气 5min，然后关闭真空泵，关紧干燥器活塞。将真空干燥器放入恒温培养箱中在 25℃ 黑暗条件熏蒸 24h。熏蒸结束后取出盛有氯仿的烧杯，反复抽真空 5～6 次至土样无氯仿气味。称取相当于 20g 干土的熏蒸土壤于 250ml 三角瓶中，加入 80ml 0.5mol/L K₂SO₄ 溶液，在振荡机上振荡 30min，用中速通量滤纸过滤。另外称取相当于 20g 干土的未熏蒸土样，重复上述操作。滤液用有机碳（TOC）分析仪测定。土壤微生物生物量碳（C_M）和微生物生物量氮（N_M）的计算公式：

$$C_M(mg/kg) = \frac{E_C}{k_{EC}} \qquad (7-4)$$

$$N_M(mg/kg) = \frac{E_N}{k_{EN}} \qquad (7-5)$$

式中，E_C 为熏蒸和未熏蒸土样间碳含量的差值；E_N 为熏蒸和未熏蒸土样间氮含量的差值；k_{EC} 和 k_{EN} 为转换系数，其中 k_{EC} 取值为 0.45，k_{EN} 取值为 0.54。

土壤总氮（TN）：称取通过 0.9mm 孔径筛子的风干土样 0.05g，用元素分析仪测定总氮含量。

土壤有机碳（TOC）：将通过 0.9mm 孔径筛子的风干土样置于 250ml 三角瓶中，加入 1mol/L HCl 浸泡 24h，用蒸馏水反复冲洗土样至土样中无 HCl 残留，将烧杯放入烘箱中在 50℃ 下烘 24h 至恒重。称取经 HCl 处理过的土样 0.05g，用元素分析仪测定有机碳含量。

土壤净氮矿化速率（MR）、硝化速率（NR）和氨化速率（AR）按如下公式计算：

$$MR = \frac{(NH_4^+\text{-}N_{i+1} + NO_3^-\text{-}N_{i+1} - NH_4^+\text{-}N_i - NO_3^-\text{-}N_i) \times 30}{t_{i+1} - t_i} \qquad (7-6)$$

$$NR = \frac{(NO_3^-\text{-}N_{i+1} - NO_3^-\text{-}N_i) \times 30}{t_{i+1} - t_i} \qquad (7-7)$$

$$AR = \frac{\left(NH_4^+\text{-}N_{i+1} - NH_4^+\text{-}N_i\right) \times 30}{t_{i+1} - t_i} \tag{7-8}$$

式中，t_i 和 t_{i+1} 分别为培养的起始和结束时间；$NH_4^+\text{-}N_i$ 和 $NH_4^+\text{-}N_{i+1}$ 分别为土壤中培养前和培养后的 $NH_4^+\text{-}N$ 浓度；$NO_3^-\text{-}N_i$ 和 $NO_3^-\text{-}N_{i+1}$ 分别为土壤中培养前和培养后的 $NO_3^-\text{-}N$ 浓度。

7.2.3 碳、氮循环关键过程研究

1）土壤碳循环

土壤是温室气体的重要排放源或汇，土地利用方式的改变将会导致土壤相关微环境及其生理生化过程发生改变，从而显著影响土壤中温室气体的产生与排放。森林在碳循环过程中起重要的调控作用：一方面，森林中的动物、植物和微生物的呼吸以及枯枝落叶的分解氧化等过程，以 CO_2、CH_4 等形式向大气释放碳，是碳的释放源。另一方面，森林是碳的主要吸收者，通过植物光合作用吸收大气中的 CO_2。因此，森林恢复与碳循环密切相关，而且森林恢复具有重要的碳沉降作用，能减弱温室气体的排放。土地利用的改变可通过改变植被等影响土壤碳的输入和降解。此外土地利用改变导致的相关微环境及生理生化过程的改变，也可影响土壤温室气体的排放，改变土壤碳储量。

2）土壤氮矿化作用

土壤氮可供给全球植物氮需求的88%，且对陆地生态系统中植物净初级生产力和土壤呼吸有重要影响。土壤氮的微小改变可严重影响植被生长和其生产力，从而影响生态系统功能。土地利用改变可促进土壤有机质（SOM）聚集而改变植被对土壤氮的利用，从而影响植被生长，最终影响陆地生态系统的净初级生产。森林恢复主要是通过改变 SOM 的质量和数量而影响土壤氮循环。土壤氮的转化（矿化和硝化）是由 SOM 调控的微生物过程，森林恢复导致的SOM 输入的改变可造成土壤氮矿化和硝化的不同。森林恢复导致的非生物因素（如土壤温度、湿度和 pH）也对土壤氮循环有重要影响。不同陆地生态系统中，土地利用改变导致的 SOM 输入和土壤理化性质的改变对土壤氮循环的影响不同。

3）土壤微生物

森林恢复显著影响陆地生态过程中的多数生物化学过程，其中最迅速明显的

是对微生物群落结构和功能的影响。森林恢复可改变土壤微生物群落结构和功能，进一步影响土壤碳和氮循环。首先森林恢复可通过改变凋落物输入的质量和数量，以及土壤特性如温度、湿度和 pH 等影响微生物和土壤碳、氮循环间的相互作用。其次，森林恢复可通过植物、根系分泌物和凋落物而增加土壤碳输入，这些可促进微生物对 SOC 的分解作用。研究发现，土壤温度和湿度在调控土壤微生物群落和呼吸速率中起重要作用。土壤 pH 的改变能导致细菌和真菌群落组成的变化。此外，耕作中断可降低扰动，保护微生物对 SOC 的降解，从而改变微生物生物量和群落结构。微生物生物量和群落结构可通过与植物及土壤特性的相互作用影响土壤碳、氮循环。森林恢复能通过植物残枝的输入改变土壤碳储量，但森林恢复导致的碳聚集主要依赖于生物量输入间的交换和微生物的降解。微生物降解的度则由微生物生物量、群落结构、土壤特性和微环境间的相互作用调控。

7.2.4 统计分析

使用 SPSS 17.0 统计软件对数据进行统计分析，所有数据均进行了夏皮罗-威尔克（Shapiro-Wilk）正态分布检验。土地利用类型间的土壤理化性质等差异显著性采用单因素方差分析，双因素间的多重比较采用 t 检验法，多因素间的多重比较采用邓肯（Duncan）多重检验法。各因素间的相关性采用皮尔逊（Pearson）相关分析。所有结果均表示为平均值±标准误差。

7.3 实 验 结 果

灌丛的土壤容重显著高于森林和农田（表 7-1）。农田中土壤湿度最高，灌丛居中，森林最低。灌丛和农田的土壤温度和 pH 显著高于森林。土壤有机碳和土壤碳氮比按森林、灌丛、农田的次序依次降低。MBC、MBN 和土壤 NH_4^+-N 浓度在农田中最低，森林和灌丛中则无显著差异（表 7-1）。土壤 NO_3^--N 浓度及土壤净氮矿化和硝化速率按农田、灌丛、森林的次序依次降低（表 7-1）。不同生态系统中土壤总氮间无显著性差异（表 7-1）。

表 7-1　丹江口库区不同土地利用类型土壤的土壤理化特性

土壤性质	森林	灌丛	农田
容重/(g/cm³)	1.37±0.03b	1.47±0.03a	1.39±0.03b
土壤湿度/%	11.61±0.76c	12.54±0.92b	14.38±0.76a
土壤温度/℃	17.0±1.6b	18.5±1.5a	18.0±1.6a
pH	7.80±0.07b	8.05±0.04a	8.10±0.06a
土壤有机碳/(g/kg)	9.03±1.51a	6.05±0.93b	4.32±0.48c
全氮/(g/kg)	0.65±0.08a	0.56±0.07a	0.57±0.05a
土壤碳∶氮	13.26±1.19a	10.46±1.03b	7.59±0.51c
微生物量碳/(mg/kg)	418.49±35.51a	440.83±38.85a	251.81±40.54b
微生物量氮/(mg/kg)	55.97±4.79a	54.16±4.06a	22.07±2.17b
NH_4^+-N/(mg/kg)	2.53±0.25a	2.32±0.20a	0.90±0.12b
NO_3^--N/(mg/kg)	0.69±0.12c	1.98±0.21b	9.17±1.54a
净氮矿化速率/[mg/(kg·d)]	0.07±0.01c	0.10±0.02b	0.13±0.04a
硝化速率/[mg/(kg·d)]	0.02±0.00c	0.09±0.02b	0.11±0.03a

资料来源：Deng 等（2016）和 Li 等（2014）

植物凋落物生物量和根系生物量按森林、灌木、农田的顺序依次降低（表7-2）。土壤年均温度和气温相似，最低温出现在1月，最高温出现在7月（图7-1）。最低的土壤湿度出现在7月，最高出现在9月（图7-1）。

表 7-2　丹江口库区不同土地利用类型生态系统中植物凋落物和根系生物量

植物性质	森林	灌丛	农田
凋落物生物量/(g/m²)	169.51±32.1	75.64±12.0	23.21±4.7
根系生物量/(g/m²)	110.58±12.9	57.46±6.7	6.83±1.3

三种生态系统中植物叶、根和凋落物的 $\delta^{13}C$ 值在 -26.9‰ ~ -25.9‰，这表示它们是典型的 C3 植物（表7-3）。森林、灌丛、农田植物中的 $\delta^{15}N$ 分别为 -4.2‰ ~ -1.5‰、-5.2‰ ~ -0.4‰和-8.5‰ ~ -6.2‰（表7-3）。C∶N 值则按森林、灌丛、农田的次序依次降低。

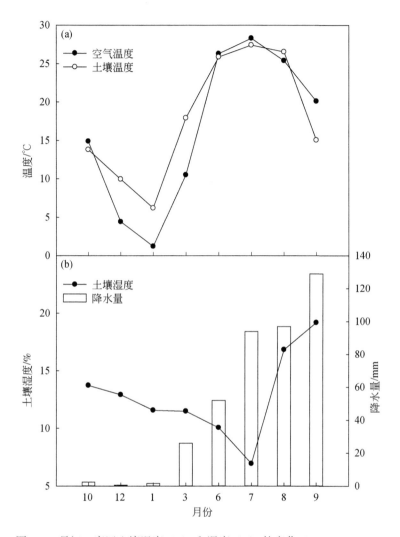

图 7-1　丹江口库区土壤温度（a）和湿度（b）的变化（Li et al., 2014）

表 7-3　丹江口地区不同土地利用类型生态系统中植物叶、

根和凋落物中 $\delta^{13}C$、$\delta^{15}N$ 含量和 C：N 值

土地利用类型		$\delta^{13}C$/‰	$\delta^{15}N$/‰	C：N
森林	叶	−25.86±0.2	−3.96±1.4	28.5±5.6
	凋落物	−25.92±0.6	−1.52±0.3	35.6±10.5
	根	−26.94±1.4	−4.24±1.2	39.7±13.2

续表

土地利用类型		$\delta^{13}C/\permil$	$\delta^{15}N/\permil$	C∶N
灌丛	叶	−26.14±0.5	−5.24±1.2	17.9±0.6
	凋落物	−26.50±0.8	−0.36±1.1	19.6±5.2
	根	−25.90±2.2	−2.34±1.1	24.7±7.2
农田	叶	−26.05±1.5	−8.45±0.4	10.3±0.6
	凋落物	−26.17±0.7	−6.22±0.8	15.1±1.2
	根	−26.32±1.2	−7.26±0.6	19.4±2.7

资料来源：Cheng 等（2013）

三种土地利用类型中，植物根系有机土壤的 $\delta^{13}C$ 值均显著低于空白对照区，但三种土地利用类型间无显著差异（表 7-4）。森林和灌丛植物根系有机土壤的 $\delta^{15}N$ 值显著低于空白对照区，而农田中则无显著差异（表 7-4）。植物根系有机土壤的 $\delta^{15}N$ 值按森林、灌丛、农田的次序依次增加，而空白区在三种土地利用类型间无显著差异（表 7-4）。植物根系区和空白区有机土壤的 $\delta^{13}C$ 值和 $\delta^{15}N$ 值在两个土壤层间无显著差异（表 7-4）。

表 7-4　不同土地利用类型土壤 0～10cm 和 10～30cm 土壤层植物根系区（PRS）和空白区（OA）的有机土壤中的 $\delta^{13}C$ 和 $\delta^{15}N$ 含量

土地类型	土壤深度/cm	$\delta^{13}C/\permil$		$\delta^{15}N/\permil$	
		PRS	OA	PRS	OA
森林	0～10	−20.65±2.61b	−16.19±3.40a	−0.52±0.16b	2.71±0.79a
	10～30	−19.17±3.23b	−14.87±3.55a	0.46±0.13b	3.03±0.62a
灌丛	0～10	−18.27±2.84b	−15.93±4.36a	1.18±0.61b	3.07±0.86a
	10～30	−16.51±2.28b	−15.01±2.28a	1.99±0.71b	3.14±0.67a
农田	0～10	−20.54±4.37b	−13.63±1.15a	3.02±0.45a	3.15±0.43a
	10～30	−20.17±2.16b	−13.86±0.74a	2.51±0.63a	2.67±0.15a
变异来源					
土地类型		n.s.	n.s.	***	n.s.
土壤深度		n.s.	n.s.	n.s.	n.s.
土地类型×土壤深度		n.s.	n.s.	n.s.	n.s.

***P<0.001，下同

资料来源：Cheng 等（2013）

森林和灌丛植物根系土壤的 SOC 显著高于空白土壤，而农田土壤中无显著差异（表 7-5）。植物根系土壤的 SOC 按森林、灌丛、农田的次序依次降低，而空白区土壤中无显著性差异（表 7-5）。森林和灌丛 0~10cm 土壤层的 SOC 高于 10~30cm 土壤层，而农田中无显著差异（表 7-5）。植物根系土壤的 C∶N 值显著低于空白土壤，三种不同土地利用类型中 C∶N 值按森林、灌丛、农田的次序依次降低（表 7-5）。

表 7-5 不同土地利用类型土壤 0~10cm 和 10~30cm 土壤层植物根系区（PRS）和空白区（OA）的土壤有机碳含量和 C∶N 值

土地类型	土壤深度/cm	土壤有机碳含量/(g/kg)		C∶N	
		PRS	OA	PRS	OA
森林	0~10	10.42±2.26a	6.16±2.91b	16.12±3.42b	26.21±6.23a
	10~30	7.97±2.54a	6.44±3.35b	17.49±4.18b	20.42±4.79a
灌丛	0~10	8.70±3.46a	5.60±1.47b	11.83±2.68b	15.83±5.24a
	10~30	6.54±2.27a	5.31±1.91b	14.45±4.11b	14.45±6.25a
农田	0~10	5.15±2.22a	4.35±1.63a	8.77±2.13b	15.01±2.49a
	10~30	5.01±2.14a	4.51±1.45a	9.93±2.84b	13.70±4.21a
变异来源					
土地类型		***	n.s.	***	***
土壤深度		n.s.	n.s.	n.s.	n.s.
土地类型×土壤深度		n.s.	n.s.	n.s.	n.s.

资料来源：Cheng 等（2013）

土地利用类型的改变影响土壤中新碳的输入和旧碳的降解（表 7-6）。森林、灌丛和农田土壤中新碳的输入分别为 44.4%、22.8% 和 55.6%（0~10cm 层）以及 37.8%、13.4% 和 51.8%（10~30cm 层）。而旧碳的降解率在农田中最高，灌丛中最低，且上层土壤的降解率高于下层土壤（表 7-6）。

表 7-6 不同土地利用类型土壤 0~10cm 和 10~30cm 土壤层有机土壤中新碳输入（f_{new}）和旧碳降解速率

土地类型	土壤深度/cm	f_{new}/%	旧碳降解速率
森林	0~10	44.4±5.3	0.039±0.004
	10~30	37.8±3.3	0.032±0.003
灌丛	0~10	22.8±2.9	0.019±0.003
	10~30	13.4±2.1	0.010±0.002

续表

土地类型	土壤深度/cm	f_{new}/%	旧碳降解速率
农田	0~10	55.6±6.7	0.054±0.007
	10~30	51.8±5.5	0.049±0.005
变异来源			
土地类型		**	**
土壤深度		n.s.	n.s.
土地类型×土壤深度		n.s.	n.s.

** $P<0.01$，下同

资料来源：Cheng 等（2013）

  季节、土地利用类型、实验处理、季节与土地利用类型之间的交互作用，季节与实验处理之间的交互作用对 CO_2、CH_4、N_2O 的排放通量都具有极显著的影响（表7-7）。

表7-7　季节、土地利用类型、实验处理对土壤呼吸排放的气体
（CO_2、N_2O 和 CH_4）的差异性分析

变量	CO_2	N_2O	CH_4
季节（S）	0.000***	0.000***	0.000***
土地利用类型（V）	0.076ns	0.000***	0.000***
实验处理（T）	0.004**	0.001***	0.413ns
$S×V$	0.122ns	0.000***	0.128ns
$S×T$	0.294ns	0.273ns	0.009**
$V×T$	0.349ns	0.013*	0.317ns
$S×V×T$	0.490ns	0.077ns	0.000***

注：*表示显著差异，$P<0.05$；ns 表示无显著差异性。下同

资料来源：Dou 等（2016）

  森林与灌木土壤的 CO_2 排放通量在夏季8月最高（图7-2）。年平均 CO_2 排放通量值森林和灌木土壤按照根系下、去除凋落物、空白对照的顺序依次降低（图7-2）。森林土壤在春夏季4月和8月根系下的 CO_2 排放通量显著高于去除凋落物的 CO_2 排放通量；而在秋冬季11月和1月，两种处理间并没有显著差异 [图7-2（a）]。灌木土壤除在秋季11月根系下的 CO_2 排放通量显著高于去除凋落物的 CO_2 排放通量，其余月份两种处理间并没有显著差异 [图7-2（b）]。

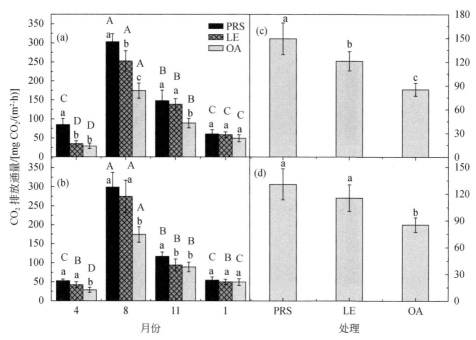

图 7-2　森林与灌木区不同实验处理下 CO_2 排放通量的四季变化与年

排放平均值差异性（Dou et al., 2016）

注：（a）、（c）为森林区，（b）、（d）为灌木区。PRS，根系下；LE，去除凋落物；OA，空白对照。
不同字母表示差异显著。下同

　　森林和灌木土壤的 CH_4 排放通量在春季 4 月有最高值，其他季节则无显著性差异（图 7-3）。年均 CH_4 排放通量值森林和灌木区有以下顺序：根系下>去除凋落物>空白对照［图 7-3（c）、（d）］。森林土壤中在春夏季根系下处理显著高于去除凋落物处理的 CH_4 排放通量值［图 7-3（a）］；而灌木中四季的处理间差异性不显著［图 7-3（b）］。

　　森林和灌木土壤 N_2O 排放通量在不同处理间都具有以下规律：冬季 1 月>秋季 11 月>春季 4 月>夏季 8 月（图 7-4）。年均 N_2O 排放通量值在森林和灌木土壤中也有以下顺序：根系下>去除凋落物>空白对照［图 7-4（c）、（d）］。森林土壤秋冬季，根系下显著大于去除凋落物处理的 N_2O 排放通量，其他季节差异不显著［图 7-4（a）］；而灌木中四季的处理间差异性不显著［图 7-4（b）］。

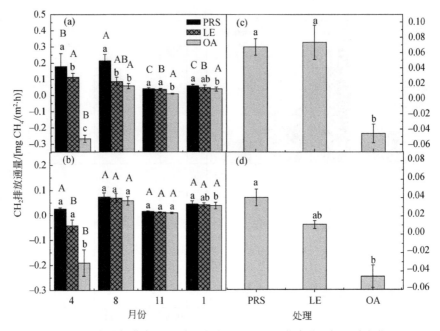

图 7-3　森林与灌木区不同实验处理下的 CH_4 排放通量的四季变化
与年排放平均值差异性（Dou et al., 2016）

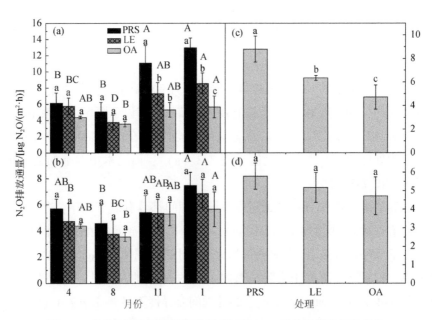

图 7-4　森林与灌木区不同实验处理下的 N_2O 排放通量的四季变化
与年排放平均值差异性（Dou et al., 2016）

土壤呼吸 CO_2 排放通量与土壤温度、土壤湿度和土壤有机碳含量均呈极显著性正相关（图 7-5）；土壤呼吸 CH_4 排放通量与土壤 pH 呈显著负相关，而其与土壤温度、土壤湿度、土壤有机碳含量相关关系不显著（图 7-6）；土壤呼吸 N_2O 排放通量与土壤温度、土壤湿度有极显著性负相关关系，与土壤硝态氮浓度有显著性负相关关系，与土壤铵态氮浓度相关关系不显著（图 7-7）。

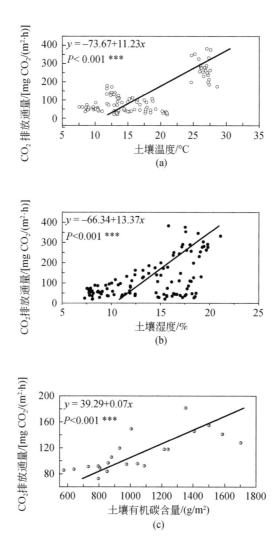

图 7-5 土壤 CO_2 排放通量与土壤温度（a）、土壤湿度（b）、土壤有机碳含量（c）的

相关关系（0~10cm）（Dou et al., 2016）

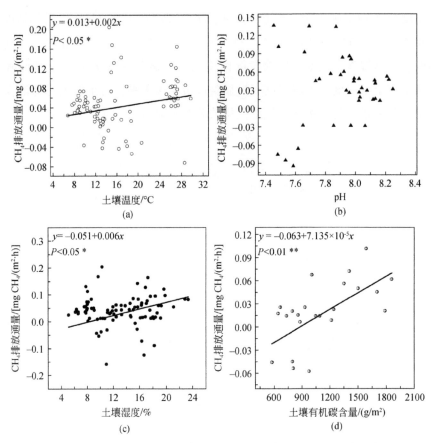

图 7-6 土壤 CH_4 排放通量与土壤温度（a）、土壤 pH（b）、土壤湿度（c）
和土壤有机碳含量（d）的相关关系（0~10cm）（Dou et al., 2016）

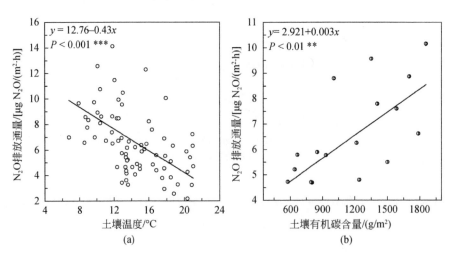

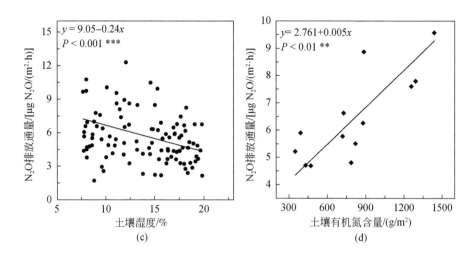

图 7-7　土壤 N_2O 排放通量与土壤温度（a）、土壤有机碳含量（b）、土壤湿度（c）

和土壤有机氮含量（d）的相关关系（0~10cm）（Dou et al., 2016）

森林和灌丛中的土壤 NH_4^+-N 含量在冬天比夏天低，农田中的 NH_4^+-N 含量在冬天和夏天比春天和秋天低［表7-8 和图7-8（a）］。三种生态系统中土壤 NO_3^--N 含量均是在冬天和夏天低于春天和秋天的［表7-8 和图7-8（b）］。森林中土壤无机氮含量和土壤 NH_4^+-N 含量呈现出一致的变化趋势［图7-8（a）、（c）］，而灌丛和农田中的则表现出与土壤 NO_3^--N 含量一致的变化趋势［图7-8（b）、（c）］。

表 7-8　土地利用（L）和季节（S）对土壤 NH_4^+-N、NO_3^--N

和无机氮含量及净氮矿化、硝化和氨化速率的影响

变异来源	NH_4^+-N /（mg/kg）	NO_3^--N /（mg/kg）	无机氮 /（mg/kg）	净氮矿化速率 /[mg/（kg·d）]	硝化速率 /[mg/（kg·d）]	氨化速率 /[mg/（kg·d）]
L	30.4***	570.8***	570.8***	18.7***	62.9***	82.1***
S	177.4***	99.5***	99.5***	26.5***	18.2***	21.7***
$L×S$	24.2***	78.6***	78.6***	46.8***	44.6***	52.4***

资料来源：Li 等（2014）

农田中土壤 NH_4^+-N 年平均含量（0.90mg/kg）显著低于森林（2.53mg/kg）和灌丛（2.32mg/kg）［表7-8 和图7-8（d）］，而三种生态系统中土壤 NO_3^--N 含量分别为：森林（0.69mg/kg）、灌丛（1.98mg/kg）、农田（9.17mg/kg）［表7-8 和

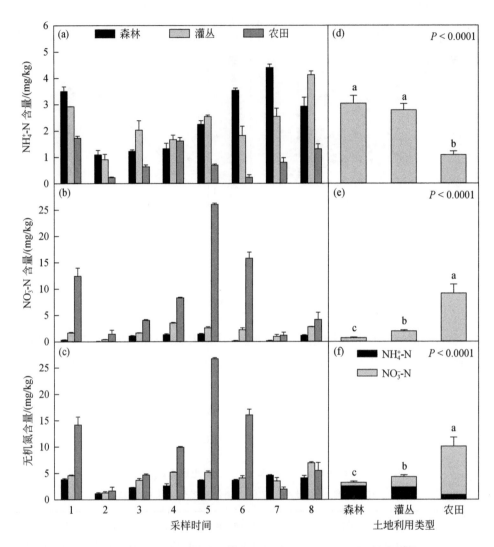

图 7-8　不同土地利用类型土壤中 NH_4^+-N、NO_3^--N 和无机氮含量的

变化与年平均值（Li et al., 2014）

图 7-8（e）]。土壤无机氮含量按森林（3.22mg/kg）、灌丛（4.3mg/kg）、农田（10.07mg/kg）的次序依次增加 [表 7-8 和图 7-8（f）]。总之，森林中土壤 NH_4^+-N 占土壤无机氮的 79%，灌丛中占 52%，农田中占 10% [图 7-8（f）]。

　　森林和灌丛中的净氮矿化速率和硝化速率均是冬天低于夏天，农田中的净氮矿化速率在夏季表现出最低值 [表 7-8 和图 7-9（a）、（b）]。森林中氨化速率和净氮矿化速率表现相似 [图7-9（a）、（c）]。灌丛和农田中的氨化速率没有表现出季节趋势 [表7-8和图7-9（c）]。

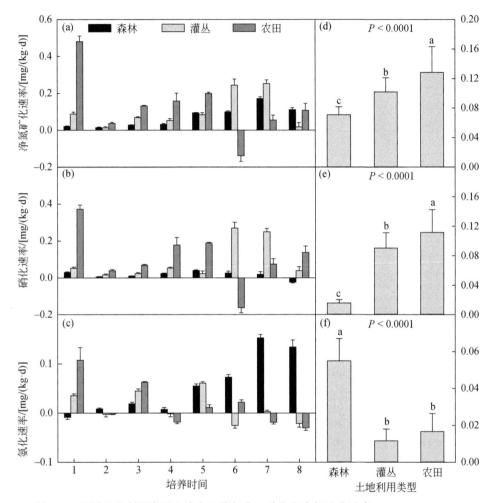

图7-9　不同土地利用类型土壤中土壤氨化、硝化和净氮矿化速率（Li et al., 2014）

净氮矿化速率的年平均值在森林中最低（0.07mg/kg），灌丛次之（0.10mg/kg）、农田最高（0.13mg/kg）[图7-9（d）]。土壤硝化速率的年均值按森林（0.02mg/kg）、灌丛（0.09mg/kg）、农田（0.11mg/kg）的次序依次增加 [图7-9（e）]。土壤氨化速率的年均值在森林中最高（0.06mg/kg），而灌丛（0.01mg/kg）和农田（0.02mg/kg）中则无显著差异 [图7-9（f）]。

土壤 NH_4^+-N 和微生物氮（MBN）正相关，而土壤 NO_3^--N 和 MBN 负相关

（表7-9）。土壤净氮矿化速率与土壤湿度呈正相关，与SOC和C∶N值呈负相关，这三种因素对净氮矿化速率的影响分别为25.8%、49.3%和57.4%。土壤硝化速率受土壤湿度和pH的影响较大，但与SOC和C∶N值呈负相关，这几种因素的影响因子分别为23.3%、26.3%、44.8%和56.3%（表7-9）。

表7-9　土壤NH_4^+-N、NO_3^--N含量及净氮矿化和硝化速率与土壤理化性质间的相关性

项目	NH_4^+-N /(mg/kg)	NO_3^--N /(mg/kg)	净氮矿化速率 /[mg/(kg·d)]	硝化速率 /[mg/(kg·d)]
土壤温度/℃	0.214	0.262*	0.136	0.127
土壤湿度/%	0.224	−0.026	0.258*	0.233*
pH	−0.154	0.132	0.215	0.263*
土壤有机碳/(g/kg)	0.087	−0.166	−0.493**	−0.448*
全氮/(g/kg)	−0.053	0.231	−0.167	−0.143
土壤碳∶氮	0.187	−0.349	−0.574**	−0.5638**
微生物碳/(mg/kg)	0.146	0.033	0.176	0.111
微生物氮/(mg/kg)	0.322**	−0.391**	−0.064	−0.118

资料来源：Li等（2014）

三种不同土地利用类型中微生物碳（MBC）和MBN均表现出强烈的季节变化（表7-10），最高值出现在夏季［图7-10（a）、（c）］。森林和灌丛土壤的MBC和MBN显著高于农田［图7-10（b）、（d）］。对于MBC和MBN，季节和土地利用间无显著交互作用（表7-10）。森林和灌丛土壤中的MBC∶SOC值显著低于农田土壤，而森林和灌丛间无显著差异［图7-11（a）］，MBN∶TN值则表现出相反的趋势［图7-11（c）］。基础微生物呼吸和土壤代谢熵qCO_2按森林、灌丛、农田的顺序依次增加［图7-11（b）、（d）］。

表7-10　土地利用和季节对微生物碳、氮的显著性影响

变异来源	微生物碳	微生物氮
土地类型	50.00**	54.90**
季节	21.22**	3.77**
土地类型×季节	1.37	1.41

资料来源：Deng等（2016）

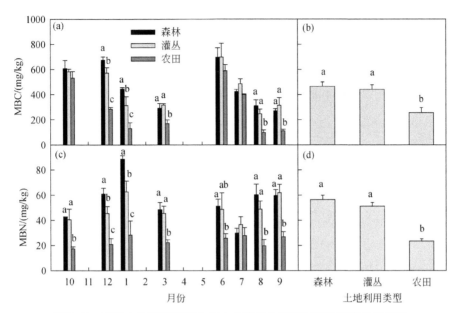

图 7-10 不同土地利用类型土壤中土壤微生物碳氮的季节变化和年平均值（0～10cm）（Deng et al.，2016）

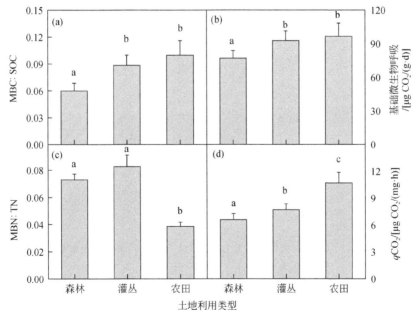

图 7-11 不同土地利用类型土壤中 MBC：SOC 值和 MBN：TN 值及基础微生物呼吸和 qCO₂（Deng et al.，2016）

相比于农田土壤，森林和灌丛土壤中有较高的总磷脂脂肪酸（PLFAs），但森林和灌丛间无显著差异［图7-12（a）］。三种土壤中，细菌和真菌 PLFAs 占总 PLFAs 的80%。细菌 PLFAs、真菌 PLFAs 和 F∶B（真菌∶细菌）值表现出相同的变化趋势，均是森林和灌丛土壤高于农田土壤［图7-12（b）～（d）］。

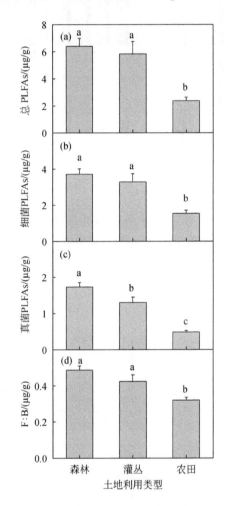

图7-12　不同土地利用类型土壤中在生长季节利用 PLFAs 分析的
微生物群落结构（0～10cm）（Deng et al., 2016）

三种土地利用类型中，F∶B 值与凋落物、根系及土壤中的 C∶N 值呈正相关［图7-13（a）～（c）］，与土壤湿度及 pH 呈负相关［图7-13（e）、（f）］，与土壤温度无显著相关作用［图7-13（d）］。基础微生物呼吸和 MBC∶SOC 值显著正相关

[图7-14（a）]。qCO_2 与 F：B 值显著负相关 [图 7-14（b）]。土壤净氮矿化和硝化速率与 F：B 值、MBN：TN 值及 MBN：IN（无机氮）值显著负相关（图7-15）。

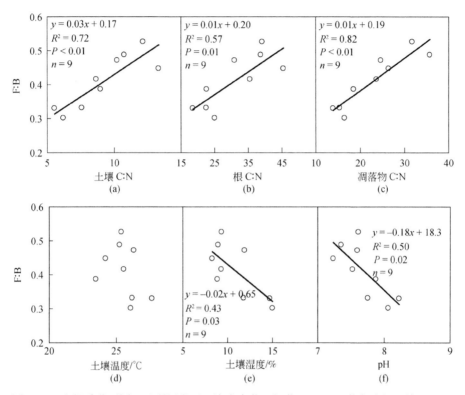

图 7-13　生长季节不同土地利用类型土壤中真菌：细菌（F：B）值与有机土壤 C：N、根 C：N、凋落物 C：N，以及土壤温度、湿度、pH 的相关性（Deng et al.，2016）

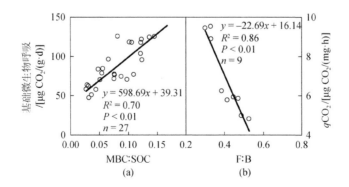

图 7-14　不同土地利用类型土壤中 MBC：SOC 值和基础微生物呼吸及真菌：细菌值和 qCO_2 间的相关性（Deng et al.，2016）

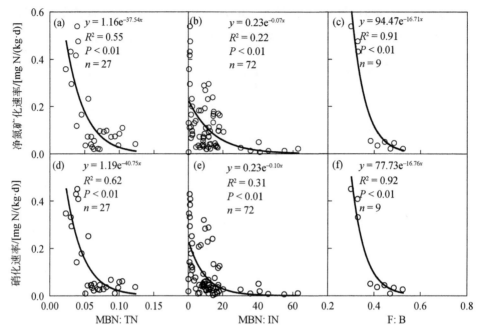

图 7-15 不同土地利用类型土壤中净氮矿化及硝化速率和 MBN：TN 值、
MBN：IN 值，以及真菌：细菌值间的相关性（Deng et al.，2016）

7.4 讨 论

对丹江口地区土地利用变化的相关研究显示，土地利用的改变对土壤碳、氮动态有显著影响。森林和灌丛的恢复可通过改变土壤中碳、氮含量，微生物群落结构等影响土壤碳、氮循环的相关过程。

研究发现森林恢复可导致春秋季 CO_2 排放通量增加、夏秋冬季 CH_4 排放通量增加，以及秋冬季 N_2O 排放通量增加。夏季 CO_2 排放通量达到峰值，主要是其对土壤温度、土壤湿度、土壤有机碳含量较为敏感；而春季 CH_4 排放通量达到峰值，是因为微生物活动的影响；秋冬季 N_2O 排放通量达到峰值，主要与秋冬季土壤中较低浓度的 NO_3^--N 有关。森林恢复显著增加了 CO_2 的排放通量。森林土壤有机碳显著增高，这可促进土壤的呼吸作用。CO_2 排放与土壤温度、湿度和 SOC 显著相关。CO_2 排放通量在夏季最高，主要是因为土壤呼吸在湿热季节较高。

研究发现森林和灌丛土壤中有较高的 SOC、根系生物量和凋落物生物量。虽然 SOC、根系生物量和凋落物生物量在森林和灌丛土壤中存在显著差异，但 MBC 和 MBC：SOC 值却无显著差异。这主要是因为与灌丛相比，森林有较高的根系和凋落物 C：N 值及较高的 SOC。三种土地利用类型中，MBC：SOC 与根系凋落物 C：N 值及 SOC 间的负相关表明微生物生物量的改变受凋落物和 SOC 质量的影响（Frazão et al.，2010）。此外，森林和灌丛土壤中有较高的 MBN 和 MBN：TN 值。这表示森林恢复通过促进微生物生物量而有利于土壤氮的保留，从而促进微生物氮的固定。研究结果显示三种土地利用类型中有不同的土壤微生物群落结构，与农田土壤相比，森林和灌丛土壤中有较高的 F：B 值。森林恢复改变微生物群落结构主要是下述原因：①F：B 值的增加主要是由森林恢复过程中低质量凋落物输入驱动的，因为细菌比真菌需要更多的氮聚集（Fierer et al.，2009；Six et al.，2006）。所以 F：B 值与凋落物根系及土壤的 C：N 值正相关。②森林恢复过程中土壤环境的改变也可影响微生物群落结构。早前的研究报道干热土壤中有较高的真菌活性，而湿冷土壤中细菌活性较高（Yuste et al.，2014）。而我们研究发现所有土地利用类型中 F：B 值与土壤湿度负相关。通常森林恢复会增加土壤 H^+ 浓度（Biro et al.，2013），从而导致土壤中 pH 增加。较高的土壤 pH 将增加 SOC 可溶性，这将促进细菌活性。我们的研究也显示 F：B 值与 pH 呈负相关。③农田耕作的中断降低了扰动，保护了 SOC 不被微生物降解，从而增加了 F：B 值（Stevenson et al.，2014）。

研究发现森林恢复显著增加了净氮矿化速率和土壤 NH_4^+-N 含量，导致森林和灌丛中较高的 NH_4^+-N 比例。而森林和灌丛中较高的 NH_4^+-N 比例可减轻氮的淋溶作用，并降低反硝化作用中气体的释放。NO_3^--N 是农田土壤无机氮的主要形式，农田中有较高的硝化速率。农田中较高的反硝化速率表示农田中有较高的氮淋溶和氮损失。研究显示室内孵育条件下的土壤碳矿化速率（基础微生物呼吸）与 MBC：SOC 呈显著正相关。此外，我们还发现 F：B 与 qCO_2 间呈显著负相关，且土壤净氮矿化和硝化速率与 MBN：TN 及 MBN：IN 存在负相关，净氮矿化和硝化速率与 F：B 值之间也存在负相关，这表示微生物的固定作用可通过改变微生物群落结构调控土壤净氮矿化和硝化速率。而土壤净氮矿化和硝化速率的降低反过来可影响生态系统中产生的土壤无机氮总量（NO_3^--N，NH_4^+-N）。

总的来说，土地利用的改变可通过改变生物和非生物因素（SOC、土壤湿度、pH）来影响土壤碳、氮循环和改变微生物群落结构。

| 第 8 章 |　典型地区不同工程
措施的比较研究

8.1　引　言

　　全球森林的持续破坏，导致了森林固定 CO_2、净化空气、调节气候、涵养水源、维持生物多样性等诸多生态功能的丧失（Foley et al., 2005；Lamb et al., 2005；Chazdon, 2008）。因此，如何恢复森林植被成为了科研人员、政策制定者乃至民众关注的焦点问题（Chazdon, 2008）。近年来，由于人工造林及森林的自然恢复，一些国家和地区（如中国、美国、欧洲）的森林面积呈现上升趋势（Fang et al., 2001；Chazdon, 2008）。耕地弃耕引起的土地利用/覆被变化、以生态恢复或商业种植为目标的造林活动，是森林面积增加的两大主要驱动力（Guariguata and Ostertag, 2001；Rey Benayas et al., 2007；Chazdon, 2008）。

　　恢复方式对于森林的结构与功能有十分关键的影响（Ashton et al., 2001；Lamb et al., 2005；Jones et al., 2009）。恢复方式的选择，取决于生态系统的受损程度、生态重建的目标、恢复所需的成本等因素（Lugo, 1997）。当前，生态恢复强调对生态系统的组分、结构、生境、生态系统过程与服务等方面的恢复（Lee et al., 2002；Ruiz-Jaén and Aide, 2005；Lamb et al., 2005；Maestre et al., 2006；Marcos et al., 2007；Chazdon, 2008）。

　　人工造林是重要的森林恢复方式。不过，许多研究已经表明传统的以木材生产为目的的人工林对改善生态系统服务功能的贡献十分有限（Lamb et al., 2005），一些人工林甚至导致了土壤营养的匮乏和地力的衰竭等负面影响（Liu et al., 1998；Jiang et al., 2003；Paritsis and Aizen, 2008）。然而，也有研究结果表明，有些人工林并不会导致土地与植被退化（Czerepko, 2004），一些人工林能作为一种阻止生态退化的有效工具、一种促进土地与植被恢复的催化剂

（Lugo，1997；Otsamo，2000；Zhang et al.，2010b）。例如，一些松属植物，如马尾松、油松（*Pinus tabulaeformis*）、落叶松等，由于具有较强的适应能力被作为造林的先锋树种广泛应用（Scholes and Nowicki，1998；Zhang et al.，2010b）。

封山育林是另外一种重要的森林恢复途径。当生态系统退化程度没有超出生态阈值、达到新的稳态时，通过封山育林保护与促进自然更新是一种可选的森林恢复方式（Lamb et al.，2005）。而且，由于自然恢复往往能以较低的成本产生更高的自然价值，因此目前越来越受到重视（Prach and Pyšek，2001；Prach，2003；Jiao et al.，2007）。

本章以封山育林形成的次生林和人工造林形成的油松人工林为研究对象，比较两种工程措施下，植被生物量碳、土壤碳的积累，以及关键的碳、氮循环过程，从而加深对森林生态系统恢复的了解。

8.2 材料和方法

8.2.1 研究区域概况

研究地区位于秦岭南坡金水河流域。行政区划上属于陕西省汉中市佛坪县岳坝镇岳坝村及佛坪自然保护区（北纬 33°33′~33°46′，东经 107°40′~107°55′）。金水河流域属于汉江的支流，是中国重要的生物多样性保护地区、水源涵养区。研究样地处于中国的北亚热带与暖温带的分界线，由于海拔因素，局部属于山地暖温带气候。长期的年平均气温约为 11.8℃，年均降水量为 950~1200mm。研究样地的海拔为 1150~1300m，自然植被以落叶阔叶林为主，土壤以黄棕壤为主。

8.2.2 样地选择、植被生物量及土壤调查

选择林龄分别为 12 年、15 年、20 年、45 年、50 年、70 年的次生林样地各一个。次生林主要由弃耕地经自然恢复发展而来，主要树种为短柄枹栎、板栗、构树、四照花、油松、青榨槭等。另外，选择林龄分别为 10 年、15 年、30 年、45 年、60 年的油松人工林样地各一个。油松人工林是人工种植的生态林，没有

施肥、杀虫等管理措施。样地用 GPS 进行定位，并记录地形地貌特征。按常规方法进行植被调查。每块样地取乔木样方 4 个（10m×10m）、灌木层（5m×5m）和草本层（1m×1m）样方各 3 个。对乔木进行每木检尺，测定胸径、树高、冠幅等。

基于前人建立的该地区主要树种的生物量方程，估算样地乔木生物量（陈存根和彭鸿，1996）。灌木和草本生物量则采用收获法测定。每个样地设置 1m×1m 小样方 3 个，收获灌木和草本生物量并称鲜重。另外分装部分样品回实验室用于含水量测定。每块样地随机选 5 个（1m×1m）小样方，将小样方内的凋落物全部收获并称鲜重。分装部分新鲜样品回实验室，置于 65℃烘箱烘干用于计算含水量。土壤采样深度为 0～20cm。每个样地分别采 3 个土样，另外用环刀采 3 个原状土样用于容重和含水率测定。部分土壤风干后过 1mm 和 0.25mm 筛，用于土壤碳、氮含量等理化性质的测定。土壤碳储量用以下公式计算（Guo and Gifford，2002）：

$$土壤碳储量=土壤碳含量×土壤容重×土层深度 \qquad (8\text{-}1)$$

8.2.3 碳、氮循环关键过程研究

选择林龄分别为 15 年、20 年、45 年、50 年的次生林样地及林龄分别为 15 年、30 年、45 年、60 年的油松人工林样地用于进一步研究凋落物的产生及分解、细根生产力及分解动态、氮矿化等生态系统关键过程。

1）凋落物产量、凋落动态、分解动态

每个样地设置 5 个尼龙收集框收集凋落物，每月收集一次。研究区域内，草本植物的地上部分在冬天基本枯死，因此本研究用生物量的峰值来替代草本植物的地上部分年凋落量（每个样地 5 个 1m×1m 的小样方）以估算年凋落量。每个样地中收集即将凋落的树叶，风干。凋落物分解袋用尼龙纱网缝制。分解袋长 20cm，宽 16cm。底面的孔径为 55μm，上面的孔径为 1mm。每袋放置 4g 风干混合凋落物（各组分的比例根据各样地的实际情况而定）。取部分样品用于风干含水率及初始化学品质测定。将凋落物袋做好标记后随机置于相应样地中分解，每个样地 20 袋。分 5 次取回（分解 73 天、146 天、219 天、292 天、365 天）实验室分析，每次每个样地取回 4 袋。仔细剔除进入凋落物袋内的杂物，如泥沙、根系、动物残体等。将凋落物称鲜重后，分装部分样品置于 65℃烘箱烘干以测量

含水量。根据凋落物生物量的损失速率来计算凋落物的分解速率（k），计算公式如下（Olson，1963）：

$$y = e^{-kt} \tag{8-2}$$

式中，y 为在某一时间生物量的残存比例（剩余生物量/初始生物量）；t 为分解时间（年）；k 为分解速率（Bontti et al.，2009）。

2）细根生物量、生产力、分解动态

于生长高峰期（2010 年 7 月）用根钻法调查细根分布格局。每个样地随机取土柱 10 个，每个土柱分 0~10cm、10~20cm、20~30cm、30~40cm 四层。用镊子挑出所有根系，直径 $d \leqslant 2mm$ 的根系为细根。根系烘至恒重后用分析天平称重，并根据根钻所取土柱的面积换算单位面积样地的细根生物量。因为绝大部分细根分布在 0~20cm 土层中，因此研究细根的生产力时只涉及 0~20cm 土层。采用连续根钻法研究细根生产力。每次每个样地随机取原状土柱 10 个（0~20cm深）。用镊子挑出所有根系，洗净后根据颜色、质地、弹性区分活根、死根。每两个月取样一次，共取样 6 次。烘至恒重后用分析天平称重，并根据根钻所取土柱的面积换算单位面积样地的细根生物量。用分解袋法研究分解动态。每个样地挖取细根（直径 $d \leqslant 2mm$），洗净剪成 5cm 小段，风干。取部分样品用于风干含水率及初始化学品质的测定。每袋放置风干细根 4g，将分解袋做好标记后随机置于相应样地中分解，每个样地 20 袋。分 5 次取回（分解 73 天、146 天、219 天、292 天、365 天）实验室分析，每次每个样地取回 4 袋。采用同地上部分凋落物相同的方法计算细根的分解速率及氮释放量。根据活细根、死细根的生物量动态及分解速率，采用分室通量模型计算细根的净生产力与周转速率（Ostertag，2001；Silver et al.，2005）：

$$P_t = LFR_t - LFR_{t-1} + M_t \tag{8-3}$$

$$M_t = DFR_t - DFR_{t-1} + D_t \tag{8-4}$$

$$D_t = D_{ss}(1 - e^{-kt}) \tag{8-5}$$

$$T = P/Y \tag{8-6}$$

式中，P 为净生产量；M 为死亡量；D 为分解量；LFR 为活细根生物量；DFR 为死细根生物量；D_{ss} 为时间间隔内平均死细根生物量；t 与 $t-1$ 为时间间隔；$(1 - e^{-kt})$ 为时间间隔内细根的分解率（根据分解实验获取）；T 为周转速率；Y 为平均活细根生物量。

3）土壤氮矿化作用

采用顶盖埋管原位培养法测定各样地的净氮矿化速率（Yan et al., 2009）。每个样地设置 5 对配对的土柱。土柱用 PVC 管获取，每对样品中的一支留在原地进行培养，另一支取回实验室分析 NO_3^--N、NH_4^+-N 含量及含水量。留在原地的土柱用透气不透水的保鲜膜封闭顶部，培养 30 天后取回实验室测定 NO_3^--N、NH_4^+-N 含量及含水量。培养实验时间选择在植物生长旺季（即 7 月底开始）进行。根据培养时间段内土壤 NO_3^--N、NH_4^+-N 的变化速率来计算净氮矿化速率，计算公式如下：

$$\Delta t = t_{i+1} - t_i \tag{8-7}$$

$$A_{\mathrm{nit}} = c(NO_3^--N)_{i+1} - c(NO_3^--N)_i \tag{8-8}$$

$$A_{\mathrm{amm}} = c(NH_4^+-N)_{i+1} - c(NH_4^+-N)_i \tag{8-9}$$

$$R_{\min} = (A_{\mathrm{nit}} + A_{\mathrm{amm}})/\Delta t \tag{8-10}$$

式中，Δt 为培养时间间隔；$R_{\min}$ 为净氮矿化速率。

8.2.4 统计分析

运用回归分析探讨森林生物量、枯枝落叶层生物量、土壤碳储量与样地年限的关系。运用方差分析（ANOVA）比较人工林和次生林各变量（凋落物品质、分解速率、矿化速率等）之间的差异。

8.3 结果分析

人工林系列样地、次生林系列样地的植被生物量（包括地上、地下部分）均随样地年限的增加而上升。林龄由 10 年增加至 60 年，油松人工林的生物量由 12.02t/hm² 增至 126.06t/hm²。不过当林龄达 30 年左右，植被生物量的积累速率变缓。对于次生林演替系列，当林龄由 12 年增加至 70 年，植被生物量由 17.42t/hm² 增至 315.18t/hm²，植被生物量积累的平均速率为 4.13t/（hm²·a）（图 8-1）。

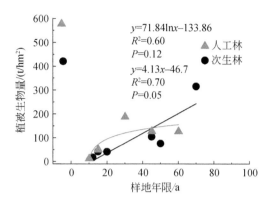

图 8-1 植被生物量（包括地上、地下部分）随林龄的变化

次生林系列样地的枯枝落叶层生物量随着林龄的增加而直线上升，积累速率约为 $0.05t/(hm^2 \cdot a)$（图 8-2）。当林龄由 12 年增加至 70 年，枯枝落叶层积累的生物量由 $2.92t/hm^2$ 增至 $7.45t/hm^2$。随着林龄的增加，人工林系列样地的枯枝落叶层生物量虽然有一定波动，但与林龄没有显著相关关系。可以认为人工林系列样地的枯枝落叶层生物量没有显著的变化趋势，平均值约为 $5.51t/hm^2$。

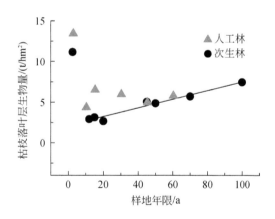

图 8-2 枯枝落叶层生物量随林龄的变化

次生林系列样地的土壤碳储量（0~20cm）随着林龄的增加而直线上升，积累速率约为 $0.84t/(hm^2 \cdot a)$。人工林系列样地的土壤碳储量与林龄没有显著的相关关系（图 8-3）。

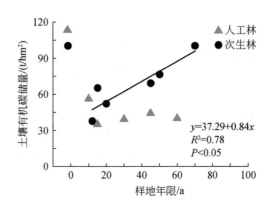

图8-3　土壤碳储量（0～20cm）随林龄的变化

林龄分别为15年、20年、45年、50年的次生林样地及林龄分别为15年、30年、45年、60年的人工林样地两组间方差分析的结果表明，次生林总碳、有机碳、惰性有机碳含量及储量均显著高于人工林。次生林的总氮含量及储量显著高于人工林。次生林、人工林的净氮矿化速率的均值分别为2.34mg/（kg·d）、0.58mg/（kg·d），二者的差异达到显著水平（表8-1）。

表8-1　次生林与油松人工林的土壤碳、氮含量和储量以及净氮矿化速率

项目	次生林	人工林
总碳含量/%	3.35±0.10a	1.84±0.16b
有机碳含量/%	3.27±0.23a	1.66±0.17b
惰性有机碳含量/%	1.94±0.18a	0.93±0.10b
总氮含量/%	0.25±0.01a	0.11±0.02b
无机氮含量/（mg/kg）	66.93±8.40a	44.36±2.48b
总碳储量/（t/hm²）	63.62±1.02a	42.29±4.09b
有机碳储量/（t/hm²）	62.02±3.31a	37.52±1.52b
惰性有机碳储量/（t/hm²）	36.68±2.35a	21.26±1.55b
总氮储量/（t/hm²）	4.67±0.14a	2.38±0.30b
净氮矿化速率/[mg/（kg·d）]	2.34±0.43a	0.58±0.17b

从凋落物收集框获得的凋落物中，叶片是主要组分。人工林和次生林的凋落叶占总凋落物的比例分别为81%和86%。人工林枯枝落叶层的凋落物生物量显著高于次生林。凋落物分解实验结果表明，人工林凋落物分解速率显著低于次生林（图8-4）。逐步回归分析的结果表明，凋落物的C∶N值是解释凋落物分解速率变异的最主要变量（图8-5）。

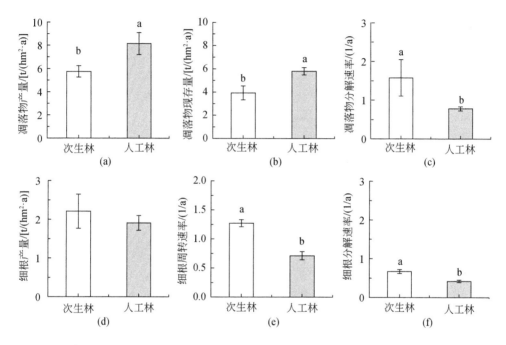

图8-4　次生林、人工林的凋落物产量（a）、凋落物现存量（b）、凋落物分解速率（c）、
细根产量（d）、细根周转速率（e）及细根分解速率（f）

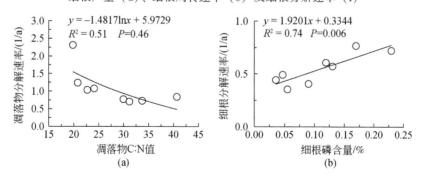

图8-5　凋落物分解速率与凋落物C∶N值的关系（a），细根分解速率
与细根磷含量的关系（b）

人工林、次生林每年通过凋落物输入的总碳量分别为 (4.16 ± 0.47)t/$(hm^2 \cdot a)$、(2.76 ± 0.26)t/$(hm^2 \cdot a)$，方差分析结果表明两种森林类型之间的差异显著（图8-6）。人工林、次生林的细根生产力没有显著差异。两种森林类型每年通过细根输入到地下的碳、氮总量也没有显著差异。人工林、次生林细根周转的平均速率分别为 (0.7 ± 0.07)/a、(1.3 ± 0.06)/a。人工林的细根周转速率显著慢于次生林，而次生林的细根分解速率显著高于人工林。逐步回归分析表明，土壤的 NH_4^+-N 含量是预测细根产量的最主要参数，细根的总磷含量则是解释细根分解速率变异的最主要参数（图8-5）。

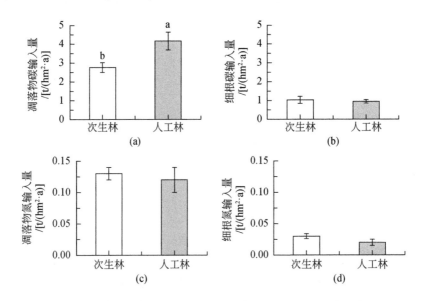

图 8-6　次生林与人工林每年通过凋落物产量、细根产量输入的总碳、总氮量

次生林凋落物的氮含量显著高于人工林凋落物，而人工林的凋落物具有较高的 C:N 值，人工林和次生林的 C:N 均值分别为 33.88、21.84。人工林细根的碳含量为 49.95%，显著高于次生林细根的碳含量（47%）。次生林细根的磷含量（0.16%）显著高于人工林（0.06%）（表8-2）。

表 8-2　次生林、人工林的凋落物叶与细根的质量参数

项目	林型	C/%	N/%	P/%	木质素含量/%	丹宁含量/%	C:N
凋落物	次生林	47.95±1.25	2.20±0.05a	0.20±0.07	22.68±4.58	4.56±1.52	21.84±0.96b
（叶）	人工林	51.08±0.40	1.53±0.10b	0.13±0.01	32.66±3.89	2.59±0.54	33.88±2.40a

续表

项目	林型	C/%	N/%	P/%	木质素含量/%	丹宁含量/%	C：N
细根	次生林	47.00±0.84b	1.43±0.18	0.16±0.02a	32.87±2.90	1.17±0.15	34.81±4.90
	人工林	49.95±0.45a	1.06±0.19	0.06±0.01b	32.96±2.71	2.82±1.13	52.45±9.58

回归分析表明，土壤有机碳含量与土壤净氮矿化速率显著正相关，土壤有机碳含量能解释土壤净氮矿化速率54%的变异（图8-7）。进一步分析表明，土壤有机碳的含量与细根的周转速率之间存在显著正相关（图8-8），而细根的周转速率随土壤净氮矿化速率的增加而呈现上升的趋势。

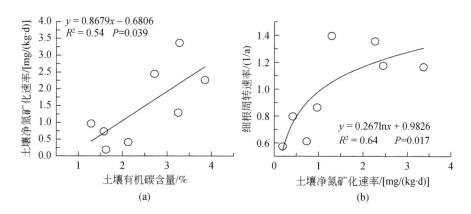

图8-7　土壤有机碳含量与土壤净氮矿化速率的关系（a）、
土壤净氮矿化速率与细根周转速率的关系（b）

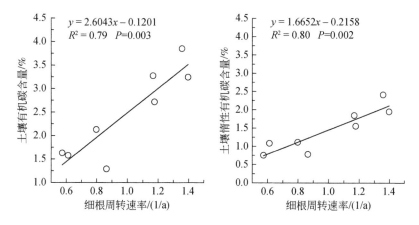

图8-8　细根周转速率与土壤有机碳、惰性有机碳含量的关系

8.4 讨 论

本研究的结果表明，封山育林形成的次生林与人工造林形成的人工林均随林龄的增加呈现碳积累。次生林演替系列的植被生物量、枯枝落叶层生物量、土壤碳均随林龄的增加而上升，说明封山育林形成的次生林植被与土壤均是重要的碳汇。本研究中，人工林的土壤碳并没有随林龄的增加而呈现显著的上升，在造林初期甚至呈现出下降的趋势。主要的原因在于本研究采取的是"空间代替时间"的方法，而土壤是高度异质的物质，所以存在一定的误差。另一种可能的原因是人工造林会对土壤产生一定干扰，可能导致在一定时间段内土壤碳的损失较快，因此人工林的土壤碳可能呈现先降后升的趋势。目前，国际上关于人工造林对土壤碳库的影响仍存在较大争议，不同的研究观测到的结果存在较大差异。土壤碳随林龄的增加而呈现增加、下降、不变等各种趋势均有被观测到（Yang et al.，2011；Deng et al.，2014）。有些研究观测到人工造林后，土壤碳储量呈现先降后升的趋势（Deng et al.，2014）。也有研究发现人工造林并不增加土壤碳。例如，Vesterdal 等（2002）发现在耕地上造林后，30 年内并没有导致 SOC 增加，只是引起 SOC 在土壤剖面的重新分配（Vesterdal et al.，2002）。由此可见，评估人工造林对土壤碳库的影响存在极大的不确定性。尤其是在造林时间较短的情况下，这种不确定性将表现得更为突出。在未来的研究中，应加强不同地区的比较研究，尤其是对同一样地的重复观测，才能在评估和模拟人工造林对土壤碳库的影响时减少不确定性的产生。

与次生林相比，油松人工林存储了更多碳于枯枝落叶层。不过，次生林与人工林每年的凋落物产量之间的差异并未达到显著水平。但人工林的凋落物分解速率显著低于次生林，从而使油松人工林在枯枝落叶层积累了更多的生物量。人工林凋落物较低的分解速率主要是由于其化学品质所决定的，因为我们观测到人工林凋落物的 C∶N 值显著高于次生林凋落物，而凋落物的 C∶N 值是影响凋落物分解速率的主要因素之一。一般认为，具有高 C∶N 值的凋落物不利于微生物、动物等利用，因此可分解性差、分解速率低（Aerts，1997；Zhou et al.，2008）。我们的研究说明，由于人工林产生了不同化学品质的凋落物，从而导致不同的碳积累模式。考虑到人工林在枯枝落叶层存储了更多的生物量碳，因此，有些措施，如凋落物收获、火烧炼山等，是不利于森林碳积累的经营管理措施。

我们的研究表明，次生林具有更快的土壤碳积累。更快的土壤碳积累可能主要与次生林更快的凋落分解和细根周转有关。凋落物和细根是土壤有机碳的主要来源。植物通过凋落物的产生、细根的死亡向土壤输入植物残体。较快的分解有利于植物残体更快进入土壤从而形成土壤有机碳。本研究中，次生林凋落物和细根更快的分解速率主要与其化学品质有关。次生林的凋落物具有较低的 C：N 值，而 C：N 值正是决定凋落物可分解性的重要化学品质参数。次生林的细根具有更高的总磷含量，并且我们的结果表明，细根的总磷含量是影响细根分解速率的重要变量。

本研究中，细根的周转速率与土壤净氮矿化速率之间存在显著的正相关。可能的原因是更高的土壤氮素可利用性促进了细根的产生和分解。土壤净氮矿化速率是重要的土壤氮素可利用性指标（Yan et al.，2009）。我们的结果表明，次生林较高的土壤净氮矿化速率可能与其土壤有机质含量较高有关，因为土壤有机质能为矿化过程相关的土壤微生物提供底物和能量。较高的土壤有机质可能与更快的凋落物和细根分解速率有关，因为更快的分解速率能使土壤有机质更快形成（Berendse，1990；Mungai and Motavalli，2006）。因此，我们的研究暗示，凋落物和细根的化学品质可能对地下碳、氮过程产生重要影响。而且，次生林可能存在一种正反馈机制，即较高品质的凋落物和细根具有更快的分解速率，更快的分解导致更快的土壤有机质形成，土壤有机质的形成增加了土壤氮素的可利用性，而氮素可利用性的提高可能促进细根的周转从而增加生物量碳的输入。可见，这种正反馈机制能促进土壤有机碳的积累。

第9章 工程可持续发展及增汇对策

长江、珠江流域防护林体系建设工程作为中国的大江大河综合治理工程，关乎人民生命财产安全、关乎资源环境安全、关乎子孙后代的生存与福祉、关乎人类的可持续发展，是一项功在当代、利在千秋的伟大事业。虽然长江、珠江流域防护林体系建设工程的建设取得了显著成效，但也暴露出了一系列问题，这些问题将影响工程的可持续发展、影响防护林生态功能的发挥。本章将总结工程建设和管理中存在的问题，分析可持续发展的策略，提出可能的增汇对策。

9.1 工程建设和管理中存在的问题

通过文献调研及实地考察，我们认为长江、珠江流域防护林体系建设工程在建设和管理中主要存在以下问题。

9.1.1 工程资金投入不足

以四川省为例，虽然长江流域防护林体系建设二期工程对四川省长江防护林体系进行了较全面的规划，但由于资金缺乏，二期工程的营造林规划未能正式实施，仅仅由原国家林业局在 2001～2007 年拨付了一定的经费开展低效林改造试点工作（代玉波，2011）。因此，四川省在二期工程期间仅得到中央投资 622 万元，地方配套 363.5 万元，仅完成了低效林改造 0.09 万 hm^2，封山育林 0.44 万 hm^2，人工造林 0.03 万 hm^2（代玉波，2011）。同样，陕西省长江防护林体系二期建设投资基本没有到位，二期规划基本落空（晏健钧和晏艺翡，2013）。二期工程期间国家仅安排了陕西省人工造林 1.04 万 hm^2、封山育林 1.24 万 hm^2，严重制约和影响了该省长江流域生态建设的开展（晏健钧和晏艺翡，2013）。与资金投入不足相对应的是由于物价、劳动力供应等因素的影响，营造林所需成本不断上升。2008 年以前长江流域防护林体系建设工程人工造林每亩中央投资 100

元，2009 年增加到 200 元。随着物价上涨和农村劳动力缺乏，目前实际每亩的造林成本已经超过 600 元（晏健钧和晏艺翡，2013）。珠江流域防护林体系建设工程同样存在资金投入不足、补助标准低、项目管理经费难落实的问题。据统计，2001~2009 年广东、广西、云南、贵州四省（自治区）共完成投资 12.81 亿元，仅占二期规划四省（自治区）总投资的 31.72%。项目作业设计费、检查验收等必需管理费用都需要基层林业部门自筹解决，导致基层林业单位失去实施工程项目的主动性和积极性。目前云南省、贵州省珠江流域防护林体系建设工程区人工造林投资每亩需要 400~600 元，中央每亩 200 元的补助标准明显太低（刘德晶，2015）。

9.1.2　经营管理不力

防护林工程建设过程中的造林整地、选择树木品种、合理栽植、病虫害防治、林木抚育管理、森林防火等各个环节，均需要懂得营林造林技术、森林管护技术的专业人员，但由于人员缺乏，以及部分地方出现认识滑坡，制约了防护林建设的发展（李世东和陈应发，1999b；董德友，2007）。资金短缺也是经营管理不力的主要原因。例如，陕西省长江流域防护林体系建设一期工程所造防护林，已经郁闭成长为中幼龄林，有些密度达每亩 3300~4000 株，郁闭度在 0.7~0.9，枝梢严重重叠，通风透光很差，极易滋生病虫害，而且伏天酷热时有些树木枯死，因此急需抚育管理。但由于护林经费不足，造成防护林管护不到位（晏健钧和晏艺翡，2013）。安徽省在实施长江流域防护林体系建设工程时，由于土地确权未足额到位，对一些工程用地未能核发土地使用证，因此造成很多矛盾（董德友，2007）。

9.1.3　森林质量不高

造林地立地条件差、营造方式不合理、造林树种单一、森林结构简单、缺乏经营管护、工程林多处于中幼龄等原因导致目前的长江、珠江流域防护林质量较低，防护效益不高（图 9-1）。

图9-1　树种单一、结构简单的侧柏人工林（摄于四川盐亭）

由于许多长江、珠江流域防护林体系建设工程的实施地为水土流失严重的地区，存在土层较薄、土壤贫瘠、保水保肥能力较差等问题，因此，有部分地区营造的防护林存活率低、生长缓慢，有些树木发展成为"小老头树"，低效林比例较高。

长江、珠江流域防护林的主要功能应是以生态防护为主，但许多工程区仍沿用过去营造用材林的方法营造生态防护林，对乔灌草结合、多层次、多树种混交缺乏考虑（图9-2）。而且，在一些立地条件较好的地方仍存在炼山、整地等措施，导致原有的灌草植被被破坏、新的水土流失产生。一些地方虽然种了树，但林下尚未形成灌草植被和枯枝落叶层（图9-3），森林的蓄水、保土、削洪功能仍然很差，出现"远看绿油油，近看水土流"（李世东和陈应发，1999b）。

树种单一、结构简单是导致防护林防护效益不高的重要原因（图9-4）。例如，湖南省长江流域防护林体系建设工程第一期的人工造林中，杉木纯林占25.6%、马尾松纯林占13.8%、湿地松纯林占15.0%、其他所有树种林分只占45.6%

图 9-2 林下植被稀疏的马尾松人工林（摄于湖北麻城）

图 9-3 林下表土依然裸露的湿地松人工林（摄于江西余江）

（陈晓萍等，2001）。四川省的工程建设中，"三多三少"的现象普遍存在，即针叶树多，阔叶树少；纯林多，混交林少；单层林多，复层林少。这种林分质量不高，林下灌草层消失，部分地表裸露，有再度发生水土流失的潜在风险（代玉波，2011）。

图9-4　树种单一的侧柏纯林（摄于湖北丹江口）

9.1.4　营造林难度越来越大

经过多年的工程建设，长江、珠江流域防护林体系建设工程区立地条件相对较好的地方都已经实施造林或封山育林，剩下的立地条件越来越差，营造林难度越来越大（图9-5），将制约工程的可持续发展（李世东和陈应发，1999b）。更有甚者，有的地方出现林地难落实、无地可造林的现象（吴希从和温小玲，2009）。

图9-5　丹江口水库库周土壤侵蚀严重、植被恢复难度大的立地（摄于湖北丹江口市习家店镇）

以四川省为例，在容易造林的地方不少地区超额完成了计划，而在条件差、难度大、费用高的地方未完成计划。一些造林困难地段，尽管水土流失很严重，但由于条件限制，"灭荒"时往往被划为难利用地而暂时搁置在一边（代玉波，2011）。四川省的高山峡谷、高原丘陵、干旱干热河谷等，具有土层瘠薄、暴雨集中、水土流失严重、沙质荒漠化严重、交通不便、劳动力稀少等特点，因此营造林十分困难（李世东和陈应发，1999b）。陕西省的长江流域防护林体系建设工程经过 20 多年的建设，地势平缓、土层厚、易造林的地块已所剩无几，急需造林的地方坡度大、土层薄、难作业，立地条件较为恶劣（晏健钧和晏艺翡，2013）。湖南省长江流域防护林体系建设工程经过一期工程建设后，工程区还有紫色页岩、钙质页岩、石灰岩等"三难地" 14 万 hm^2，岩石裸露程度高，坡度 25°以上的坡耕地多，水土流失严重。云南剩下的需要营造林的地区多是干热河谷、石质山区和高寒冷湿区，任务重、难度大（李世东和陈应发，1999b）。

9.1.5 病虫害等干扰严重

由于工程区纯林面积大、林分质量差、管护水平低、气候异常等因素，导致病虫害频繁暴发，严重影响长江、珠江流域防护林体系建设工程的可持续发展。例如，河南长江流域防护林体系建设工程区的林木病虫害呈逐年上升趋势，工程区林木发生的病虫害多达近百种，对该省长江防护林的安全构成严重威胁。据统计，河南省长江防护林每年的病虫害发生面积达 5.3 万 hm^2，发生率超过 12%。每年发生面积在 0.7 万 hm^2 以上的森林病虫害达 6 种，而且新的危险性病虫害相继出现，如板栗疫病、中华松针蚧、柑橘大实蝇、松树大小蠹、（杜仲）蒙古木蠹蛾等，尤其是松树大小蠹蔓延迅速，危害巨大，导致大量松树枯死（王邦磊等，2002）。重庆市云阳县境内的长江防护林自 20 世纪 80 年代以来多次发生柏木叶蜂虫害，虽然当地政府多次采取措施进行防治，但由于树种单一、面积太大、害虫自然死亡率低等原因，柏木叶蜂虫害一直没有得到有效遏制。特别是 2009 年，云阳县 12 万亩长江防护林全部遭受柏木叶蜂重度灾害，导致万余亩长江防护林死亡。据估计，若不及时有效防治，云阳 12 万亩防护林将在 10 年内全部死光。湖北省巴东县铁厂荒林场及周围乡镇的森林病虫害威胁严重，银杏大蚕蛾危害该地区的核桃、漆树、小叶杨等多种叶树，树叶全部食光，1/3 以上树木枯死，为害面积达 1 万亩以上。1998 年巴东县三峡林场的柏木防护林遭受鞭角扁叶蜂的侵害，为害面积 4324 亩，虫口密度约在 250 头/m^2（田宗伟等，2001）。

9.1.6 科技支撑缺乏

如何在立地条件差的地段恢复植被？如何提高防护林的质量？如何促进防护林的自然更新？如何进行林分改造？如何减少防护林的病虫害发生？如何在生态优先的前提下提高老百姓的经济效益？这些问题的解决均需要科技支撑。然而到目前为止，工程可持续发展所需的科技支撑仍然十分缺乏，有些问题甚至连科研技术人员都尚未开展针对性的科技攻关。据报道，目前川中丘陵区大面积的桤柏混交林生态系统退化日趋明显，表现为桤木衰老和死亡，而纯柏林面积日趋扩大，呈单一树种和单层结构，生物多样性低，林下植被稀少，形成了"林下不见草，林上不见鸟""远看绿油油，近看光溜溜"的"绿色荒漠"。桤柏混交林下光板地上的土壤侵蚀比较严重，侵蚀模数高者达每年每平方千米 2500t，林下土壤的最大持水能力只有每公顷 300～700m^3（代玉波，2011）。

9.2 工程可持续发展策略

针对长江、珠江流域防护林体系建设工程面临的问题，我们提出以下对策以促进工程的可持续发展。

9.2.1 提高认识，多方筹集资金，严格管理，提高资金使用效率

长江、珠江流域防护林体系建设工程作为中国的大江大河综合治理工程，关乎人民生命财产安全、关乎资源环境安全、关乎子孙后代的生存与福祉、关乎人类的可持续发展，是一项功在当代、利在千秋的伟大事业。从中央到地方各级政府应充分认识到工程的重要性、任务的艰巨性、问题的复杂性、时间的紧迫性。虽然第一期、第二期的工程建设取得了显著成效，但生态环境恶化的趋势尚未根本遏制，生态环境亟待改善。工程区离"山青、水净、天蓝"的目标还有距离。而且，一期、二期工程的相当部分建设成果还很脆弱，还需要后续工程巩固提高，否则容易造成前功尽弃。据调研，湖南省目前尚有 66.67 万 hm^2 荒山迹地需

要造林绿化，有 133.33 万 hm² 石漠化土地需要治理（国家林业局，2013）。陕西省的长江流域防护林体系建设工程区近年来洪水、滑坡、泥石流等自然灾害还时有发生，该省的汉江、丹江、嘉陵江沿岸的森林植被、生态环境依然比较脆弱，目前该区域还有 29.06 万 hm² 宜林荒山亟待造林、87.1 万 hm² 低产低效林亟待改造，270.61 万 hm² 水土流失亟待治理（晏健钧和晏艺翡，2013）。

为了克服资金投入不足的问题，中央应加大投资力度，各级政府应多方筹措资金，积极争取各级财政支持，积极争取农业、水利、交通等部门投资。另外也应争取企业投资，大力发展碳汇林业。对工程资金应进行严格管理，建立完善的预算制度、报账制度、审计制度、工程招投标制度，做到专款专用，提高资金使用效率。

9.2.2 科学规划，合理布局，狠抓落实

科学规划、合理布局是长江、珠江流域防护林体系建设工程持续发展的前提。工程措施要以"因地制宜，适地适树"为原则。宜林则林，宜灌则灌，宜草则草。宜造林则造林，宜封育则封育。工程实施时，应避免炼山及全面整地。尤其在气候、土壤条件稍好的工程区营造防护林，应禁止炼山、整地，避免破坏原有的自然植被、避免人为造成新的水土流失。对于造林难度大的地区，鼓励选择飞播造林、封山育林等措施。

工程布局应以工程区的客观自然条件为依据，哪里的现状亟须治理就在哪里规划生态工程，哪里现状良好就可以暂时先不规划生态工程。不能因为难度大、不集中连片而不规划生态工程。在一些"无地可造林"的情况中，其实很多地方缺乏的是可以集中连片的宜林地。以广西壮族自治区为例，据统计广西壮族自治区水土流失面积由工程实施前的 277.17 万 hm² 减至工程实施后的 254.46 万 hm²（陈秀庭等，2011），因此该区仍有大面积的水土流失地区亟须治理，而且石漠化问题仍十分严重。但是有人却认为该区"集中连片的宜林地已非常有限，工程造林用地落实难，建议国家把采伐迹地、灾后重造林地纳入工程建设范围，以便相对集中地实施工程建设"（杨小兰等，2011）。从广西壮族自治区的例子可以看出，一方面是需要规划实施工程的地区很多，另一方面却陷入"无地可造林"的怪象。分析其原因，从根本上来讲，这种情况的出现是不正确的政绩意识作怪的结果。因为缺乏的是可集中展现的地段，而并非缺乏亟待造林的地段。另

外，在这种意识下容易产生一些"花瓶工程""盆景工程"。

防护林工程应狠抓落实，建立完善的检查制度和管理体系。由于长江、珠江流域防护林体系建设工程的工程区与国家正在实施的天然林资源保护工程、退耕还林工程的工程区存在一定范围的重叠，因此应避免同一块地同时作为几个工程的规划用地，避免将同一片林地当成几个工程的成果。避免这些情况出现的一项重要手段是建立基于小班图或遥感图的防护林资料档案或规划图纸（在缺乏图纸的地方至少要有地块编号），对照小班图或遥感图进行规划、实施营造林及检查落实情况。

9.2.3 科学经营管护，提升森林质量

由于营造林时缺乏科学指导，以及后期的疏于管护，工程区部分林种结构不尽合理，树种单一，针叶林多，阔叶林少，纯林多，混交林少，低质低效林地面积较大，病虫害严重（国家林业局，2013）。因此，对森林健康已经出现问题的工程区应加大经营管护力度。特别需要强调的是，经营管护过程中应摒弃不科学、不合理的做法，应以生物学、生态学等学科的理论为指导，提高经营管护水平，提升森林质量。

考虑到防护林的主要功能是生态防护，因此对防护林进行抚育时，应避免采取如同经营抚育人工用材林的措施如"除草""割灌""砍杂"等（图9-6）。而且，对于国家规定不能抚育的林分（如一级国家级公益林）应禁止抚育。对于可以进行适当抚育的林分，应避免出现一方面反映防护林"树种单一""纯林多、混交林少""结构单一、复层林少"，另一方面却人为除去自然形成的灌草层和自然生长的所谓"杂树"（图9-7）。在纯林补栽阔叶树种的过程中，也应尽量减少对原有植被及土壤的扰动，避免造成新的水土流失。在实施低效林抚育时，如果原来种植的树木尚未成林，但自然恢复的灌木、草本已经生长良好，且覆盖度高，对于这种林地应不再对其实施扰动，可以采用封育等措施。在实施低效林抚育时，应保留林地原有的自然植被以及已经存活的林木，尤其是对所谓的"杂树"应保留。对于自然生长的低效林，也不应对其进行抚育。由于目前营造的长江、珠江流域防护林尚处于中幼龄林阶段，因此只有在人工种植的林木密度过大，且已经影响林木健康生长的情况下才允许间伐，避免出现以低效林抚育之名，破坏原有植被，尤其是自然植被。

图 9-6   经营抚育过程中的"割灌"措施（2016 年摄于秦岭）

图 9-7   油松人工林林下自然生长出的乡土阔叶树种（摄于陕西佛坪）

9.2.4   大力发展非木质林产品及森林旅游业，建立生态补偿机制

工程区老百姓经济收入的提高是长江、珠江流域防护林可持续发展的保障。

所以应大力发展林果、药材、蜂蜜、油料、调料等非木质林产品（图9-8）。大力扶植和引进对非木质林产品进行深加工的企业，以提高产品的附加值，增加当地百姓的就业机会。大力发展森林旅游业等绿色产业，适当发展林下养殖业。尝试建立生态补偿机制，如水源、电力的收益方应补偿水源涵养区的百姓为生态建设做出的贡献。

图 9-8　增加林区百姓收入的土蜂养殖、山茱萸种植（摄于秦岭）

9.2.5　加大科技攻关力度，突破工程、技术难题

应组织相关专家学者对长江、珠江流域防护林体系建设工程中的一些关键科学问题、工程技术难题展开科学实验研究、开展专家论证。研究在立地条件差的地段恢复植被的方法、提高森林质量的措施、防治病虫害的方案、环境友好的林业产业模式等。突破工程技术难题，开展示范和推广工作，并建立专家咨询服务系统，从而为长江、珠江流域防护林体系建设工程的可持续发展提供

科技支撑（图9-9）。

图9-9　中国科学院武汉植物园在三峡库区建立的植被重建示范基地（湖北宜昌）

9.3　增 汇 对 策

国务院2014年批复的《国家应对气候变化规划（2014～2020年）》提出，中国到2020年单位国内生产总值二氧化碳排放比2005年下降40%～45%、非化石能源占一次能源消费的比例达到15%左右、森林面积和蓄积量分别比2005年增加4000万hm^2和13亿m^3。《国家应对气候变化规划（2014～2020年）》也明确提出要增加森林碳汇。中国正在实施的林业重大生态工程正是增加森林碳汇的保障。我们认为可通过以下对策来增加长江、珠江流域防护林体系建设工程的碳汇能力。

9.3.1　扩大工程范围，增加森林面积

长江流域防护林体系建设工程二期工程（2001～2010年）规划营造林687.72万hm^2，其中人工造林313.24万hm^2，封山育林348.03万hm^2，飞播造林26.45万hm^2。根据《珠江流域防护林体系建设工程二期规划（2001～2010年）》，珠江流域防护林体系建设工程二期（2001～2010年）规划造林227.8万hm^2，其中人工造林87.5万hm^2，封山育林137.2万hm^2，飞播造林3.1万hm^2。但是2001～2010年的《中国林业统计年鉴》数据显示，长江、珠江流域二期

工程人工造林仅 132.77 万 hm²，飞播造林 0.845 万 hm²，封山育林 99.663 万
hm²。人工造林、飞播造林、封山育林的实际实施面积分别只有规划面积的
33.1%、2.9%、20.5%。四川、陕西等省份基本没有实施二期工程。因此，
光从二期工程里有规划但未实施的面积来看，长江、珠江流域防护林体系建设
工程的工程区仍有大量营造林空间。而且，虽然一期、二期工程已经完成，但
长江、珠江流域需要综合治理的面积仍然很大，以广西壮族自治区为例，工程
实施后仍有 254.46 万 hm²（陈秀庭等，2011）。增加工程区的森林面积，无疑
能提高工程的固碳能力。增加工程面积，需要破解"无地可造林"的怪象。
在进行工程规划时，应根据小班图或遥感图进行合理设计规划，在最需要进
行生态恢复的地段规划生态工程，而不是非要大面积且集中连片的地段。各
级政府部门要摒弃不正确的政绩意识，需要认识到"防护林不是为了展示样
板，而是为了子孙后代的生存与发展"。

9.3.2　科学经营管护，提高森林质量

提高森林质量是增加碳汇的重要途径。根据第七次全国森林资源清查数据，
全国乔木林平均蓄积量为85.88m³/hm²，只相当于世界平均水平的78%，更是远
远低于德国的320m³/hm²（杨玉盛等，2015）。而南方的集体林林区平均蓄积量
更低，只有51.7m³/hm²。世界森林的平均碳密度为86t/hm²（徐新良等，2007；
李海奎和雷渊才，2010），而我们根据2004~2008年森林清查资料估算的工程区
19个省（自治区、直辖市），安徽、甘肃、广东、广西、贵州、河南、湖北、湖
南、江苏、江西、青海、山东、陕西、上海、四川、西藏、云南、浙江、重庆的乔
木林成熟林平均生物量碳密度分别为37t/hm²、54.8t/hm²、35.6t/hm²、45.4t/hm²、
43.2t/hm²、44.6t/hm²、36.1t/hm²、31.3t/hm²、37.3t/hm²、33.8t/hm²、55.6t/hm²、
36.1t/hm²、45.7t/hm²、46.6t/hm²、66.6t/hm²、94.4t/hm²、65.2t/hm²、28.8t/hm²、
38.1t/hm²。这一方面说明了工程区的森林生物量密度低、森林质量不高，另一
方面也说明了森林固碳潜力巨大。另外，由于长江、珠江流域防护林体系建设工
程实施时间不长，工程中营造的森林目前以幼龄林、中龄林为主，因此当这部分
森林生长至成熟林阶段，必将吸存大量 CO_2。

目前，长江、珠江流域防护林的高质量森林面积小，低质低效林地面积大，
单层林多，复层林少，幼龄多，成熟林少。采用科学的经营管护措施，可以提高

森林的质量，提升森林的固碳能力。对于人工林，可以通过补充混交树种、培育林下灌草、合理择伐抚育等措施，构建异龄林分结构、混交林分结构、乔灌草复层结构。增加森林结构的复杂性，提高植被的光能利用率，从而提高森林的总体固碳能力。

9.3.3 防治森林灾害，减少对森林的干扰

要积极监测、预防、治理森林病虫鼠害、森林火灾、森林气象灾害等，减少因森林灾害导致的碳泄露。据估计，1991～2000 年中国森林火灾释放的 CO_2、CO 和 CH_4 平均分别为 8.96Tg C/a，1.12Tg C/a 和 0.109Tg C/a（王效科等，2001）。根据《中国林业统计年鉴》的结果，2001～2010 年全国遭受病虫害的森林面积为平均每年 87.945 万 hm^2。中国是一个自然灾害多发国家，洪涝、干旱、冰雪、滑坡、泥石流等自然灾害对森林的危害极大，如 2008 年南方冰雪灾害受灾森林面积达到 1860 万 hm^2，占全国森林总面积的 1/10。2010 年西南地区遭受严重干旱，干旱对森林产生了严重影响，而且持续干旱导致森林火灾发生，据报道，2009 年 10 月至 2010 年 2 月，云南、贵州、广西、四川和重庆五省（自治区、直辖市）发生森林火灾 2351 起，受害森林面积 7091hm^2。

9.3.4 治理水土流失，增加土壤固碳

土壤具有巨大的固碳潜力。据 Zhang 等（2010a）估计，中国实施退耕还林工程后，0～20cm 的土壤固碳速率约为 0.37t/（$hm^2 \cdot a$）。Zhou 等（2006）通过长期观测，发现天然林即使在成熟林阶段（或老龄林）土壤仍具有很强的固碳功能，广东省鼎湖山老龄林 0～20cm 土壤的固碳速率约为 0.61t/（$hm^2 \cdot a$）。长江、珠江流域防护林体系建设工程的工程区范围大，气候条件相对较好，因此可以预测，工程区的土壤将展现其巨大的固碳能力。另外，在工程区，通过综合治理水土流失可以减少土壤碳损失。可以通过凋落物覆盖、林下灌草培育等措施，减少表层土壤碳损失，增加土壤碳库的碳输入量（图 9-10）。另外，在造林或补种阔叶树种时，应尽量减少对土壤的大规模干扰。

图 9-10 林下水土流失严重的马尾松林（摄于福建长汀）

9.3.5 大力发展近自然林业

近自然林业主张人类应尽可能地按照森林的自然规律来从事林业生产活动，强调尊重森林生态系统自身的规律，实现生产可持续和生态可持续的有机结合（许新桥，2006）。近自然林业是未来林业发展的一个重要方向。实施长江、珠江流域防护林体系建设工程的目的是涵养水源、减少水土流失、改善流域生态环境、提升抵御自然灾害能力。尤其是《长江流域防护林体系建设三期工程规划（2011~2020 年）》明确提出，工程的规划目标是"构建较为完善的生态防护林体系、建成我国最重要的生物多样性富集区、建成我国重要的森林资源储备库、构建我国应对气候变化的关键区域"（国家林业局，2013）。因此，在实施长江、珠江流域防护林体系建设工程，尤其是建设人工生态公益林时，应大力发展近自然林业。构建稳定性较高、抗干扰能力较强、生态功能良好的森林群落。在实施工程时，应做到重视封山育林等干扰较小的工程措施、强调乡土植物的利用、关注原有自然植被的保护、促进群落向地带性植被演替等。

9.3.6　保护天然林，积极发展集约经营的速生丰产林

天然林不仅营林管护成本低，而且天然林的林分结构和生态功能明显优于人工林。例如，Zhang 等（2010b）通过对秦岭南坡的人工林和次生林的比较研究，发现与人工林相比，自然恢复的次生林表现出物种丰富、结构复杂、土壤肥力及碳含量高等特征（图 9-11）。邸月宝等（2012）的研究表明，在 30 多年的时间尺度上，亚热带九连山区依靠自然力量重建的次生林生态系统碳储量（植被+土壤+凋落物）约为 257.59t/hm^2，人工营造的杉木（*Cunninghamia lanceolata*）林、蓝果树（*Nyssa sinensis*）林分别为 230.93t/hm^2 和 163.49t/hm^2，自然重建方式在森林碳汇功能上优于人工重建方式。肖干生和陈国腾（2001）对赣县的马尾松毛虫综合防治示范林（4136hm^2）的观测表明，针阔叶混合飞播后，封育 5 年，乔木树种由原来的 3 种增加到 25 种，植被覆盖率由 40% 上升到 80%；封育 13 年后，植被覆盖率达到 95%，马尾松毛虫的发生率也由 2.9% 下降到 0.24%，林分已由纯马尾松单层残次林向物种丰富的复层针阔混交林演替。13 年累计投入资金66.26 万元，平均每公顷投入仅 160.2 元。因此，在长江、珠江流域防护林体系建设工程的工程区应大力推行封山育林，积极保护现有天然林，促进天然林的恢复。在一些种源缺乏的地区，可以考虑通过飞播乡土树种种子的方式，促进森林的恢复。

图 9-11　物种丰富、结构复杂的封山育林样地（摄于陕西佛坪）

　　要实现对天然林的有效保护必须要解决森林保护与木材供应及林区经济发展之间的矛盾。大力发展高度集约经营的速生丰产林是解决这一矛盾的重要手段之一。在一些不易造成水土流失、不易产生水质污染的地区发展速生丰产林以满足市场对木材的需求、满足林区百姓对发展经济的需求。通过使用优良品种，实施先进的水肥管理措施，提高人工林的集约经营水平。最终实现以速生丰产林"养"天然林格局。

参 考 文 献

陈存根, 彭鸿. 1996. 秦岭火地塘林区主要森林类型的现存量和生产力. 西北林学院学报, S1: 92-102.

陈晓萍, 何友军, 陈志阳, 等. 2001a. 湖南省长江防护林体系建设的现状与构想. 湖南农业大学学报 (社会科学版), 2: 73-74.

陈晓萍, 何友军, 陈志阳, 等. 2001b. 湖南省境内长江中上游防护林体系建设第一期工程的进展. 湖南环境生物职业技术学院学报, (2): 11-15.

陈秀庭, 李春, 杨小兰. 2011. 广西珠江防护林体系建设现状与发展. 林业调查规划, 36 (4): 90-92.

代玉波. 2011. 四川长江防护林体系建设发展战略初探. 四川林业科技, 32: 70-74.

邓正全, 邓正双. 2002. 巴东县长江防护林一期工程建设成果初报. 防护林科技, (2): 84-85.

邸月宝, 王辉民, 马泽清, 等. 2012. 亚热带森林生态系统不同重建方式下碳储量及其分配格局. 科学通报, 57: 1553-1561.

董德友. 2007. 安徽省长江防护林建设与管理. 江淮水利科技, (4): 20-21.

董恺忱, 范楚玉. 2000. 中国科学技术史·农学卷. 北京: 科学出版社.

樊水宝, 余大海. 2006. 修水县 "长治" 工程建设惠及 "三农". 江西水利科技, 32: 8-10.

方精云, 陈安平, 赵淑清, 等. 2002. 中国森林生物量的估算: 对 Fang 等 *Science* 一文. (*Science*, 2001, 291: 2320-2322) 的若干说明. 植物生态学报, 26 (2): 243-249.

傅健全. 1993. 谈珠江流域防护林体系工程建设. 林业资源管理, (6): 71-75.

甘肃省长防林建设办公室. 1996. 甘肃省长防林建设回顾与展望. 甘肃林业: 9-10.

国家林业局. 1998. 中国林业统计年鉴. 北京: 中国林业出版社.

国家林业局. 1999. 中国林业统计年鉴. 北京: 中国林业出版社.

国家林业局. 2000. 中国林业统计年鉴. 北京: 中国林业出版社.

国家林业局. 2001. 中国林业统计年鉴. 北京: 中国林业出版社.

国家林业局. 2002. 中国林业统计年鉴. 北京: 中国林业出版社.

国家林业局. 2003. 中国林业统计年鉴. 北京: 中国林业出版社.

国家林业局. 2004a. 中国林业统计年鉴. 北京: 中国林业出版社.

国家林业局. 2004b. 长江流域防护林体系建设二期工程规划 (2001—2010 年). 北京: 国家林

业局.

国家林业局.2004c.珠江流域防护林体系建设二期工程规划（2001—2010 年）.北京：国家林业局.

国家林业局.2005a.全国森林资源统计（1999—2003）.北京：中国林业出版社.

国家林业局.2005b.中国林业统计年鉴.北京：中国林业出版社.

国家林业局.2006.中国林业统计年鉴.北京：中国林业出版社.

国家林业局.2007.中国林业统计年鉴.北京：中国林业出版社.

国家林业局.2008.中国林业统计年鉴.北京：中国林业出版社.

国家林业局.2009a.中国林业统计年鉴.北京：中国林业出版社.

国家林业局.2009b.中国森林资源报告：第七次全国森林资源清查（2004—2008）.北京：中国林业出版社.

国家林业局.2010.中国林业统计年鉴.北京：中国林业出版社.

国家林业局.2013.长江流域防护林体系建设三期工程规划（2011—2020 年）.北京：国家林业局.

国家林业局森林资源管理司.2000.全国森林资源统计（1994—1998）.北京：国家林业局森林资源管理司.

国家林业局森林资源管理司.2003.国家森林资源连续清查主要技术规定.北京：国家林业局森林资源管理司.

国家林业总局.1978.全国森林资源统计（1973—1976）.北京：国家林业总局.

洪山.1993.长江防护林工程划定十大重点区域.长江流域资源与环境，4：4.

胡运宏，贺俊杰.2012.1949 年以来我国林业政策演变初探.北京林业大学学报（社会科学版），11：21-27.

黄礼隆，唐光.2000.川中丘陵区防护林体系蓄水保土效益研究.四川林业科技，21：36-40.

汲玉河，郭柯，倪健，等.2016.安徽省森林碳储量现状及固碳潜力.生态学报，40：395-404.

金小麒.2001.板桥河小流域防护林体系生态效益研究.水土保持学报，15：80-83.

雷孝章，黄礼隆.1996.长江上游防护林体系不同林种的生态经济效益研究.自然资源学报，11：362-372.

雷孝章，黄礼隆.1997.长江上游防护林体系保土效益研究.北京林业大学学报，19：25-29.

李成刚.2014-08-27.1979，中国第一次生态意识大普及.中国经济时报，009 版.

李海奎，雷渊才.2010.中国森林植被生物量和碳储量评估.北京：中国林业出版社.

李世东，陈应发.1999a.论长江中上游防护林体系建设.防护林科技，（3）：25-27.

李世东，陈应发.1999b.长江中上游防护林体系建设的若干思考.林业经济，（6）：7-14.

李世菊 . 1981. 利害攸关，事在人为：对长江能否变成"黄河"的一点看法 . 水土保持通报，
　　3：12.

李燕芬 . 2004. 宣威市长江上游防护林工程建设效益分析 . 林业调查规划，29（增刊）：68-69.

刘德晶 . 2015. 关于珠江防护林工程建设的思考 . 林业建设，（2）：15-21.

刘国华，傅伯杰，方精云 . 2000. 中国森林碳动态及其对全球碳平衡的贡献 . 生态学报，20：
　　733-740.

刘迎春，王秋凤，于贵瑞，等 . 2011. 黄土丘陵区两种主要退耕还林树种生态系统碳储量和固
　　碳潜力 . 生态学报，31：4277-4286.

刘迎春，于贵瑞，王秋凤，等 . 2015. 基于成熟林生物量整合分析中国森林碳容量和固碳潜力 .
　　中国科学：生命科学，45：210-222.

刘赞，胡庭兴，赵安玖，等 . 2009. 基于通用土壤流失方程的长江防护林区的土壤侵蚀动态特
　　征：以湖北省红安县倒水河流域为例 . 四川农业大学学报，27：295-301.

吕劲文，乐群，王铮 . 2010. 福建省森林生态系统碳汇潜力 . 生态学报，30：2188-2196.

马联春 . 1982. 试论四川特大洪灾与森林植被的关系 . 大自然探索，1：37-41.

马宗晋 . 2000. 面对大自然的报复：防灾与减灾 . 北京：清华大学出版社有限公司 .

毛革 . 2007. 珠江流域防洪规划概要 . 人民珠江，（4）：10-13.

孟广涛，郎南军，方向京，等 . 1998. 头塘小流域山地防护林体系营建及防护效益分析 . 云南
　　林业科技，（4）：46-51.

孟广涛，郎南军，方向京，等 . 2001. 滇中高原山地防护林体系水土保持效益研究 . 水土保持
　　通报，21：66-69.

聂昊，王绍强，周蕾，等 . 2011. 基于森林清查资料的江西和浙江森林植被固碳潜力 . 应用生
　　态学报，22：2581-2588.

彭少麟，陆宏芳 . 2003. 恢复生态学焦点问题 . 生态学报，23：1249-1256.

覃婷，王科 . 2014. 广西珠江流域防护林体系工程建设效益评价 . 林业勘查设计，（4）：7-9.

任海，彭少麟，陆宏芳 . 2004. 退化生态系统恢复与恢复生态学 . 生态学报，24：1756-1764.

任毅 . 1998. 秦岭大熊猫栖息地植物 . 西安：陕西科学技术出版社 .

沙士发，陈伟烈，朱廷曜 . 1986. "三北"和长江上游地区的两项巨大林业工程 . 中国科学院
　　院刊，4：324-330.

史立人，魏特 . 1980. 长江真的会变成第二条黄河吗？人民长江，6：63-66.

史立新，彭培好，慕长龙 . 1997. 长江防护林（四川段）初期水土保持效益研究 . 水土保持通
　　报，17：14-22.

宋轩，李树人，姜凤岐 . 2001. 长江中游栓皮栎林水文生态效益研究 . 水土保持学报，15：
　　76-79.

孙茂者，程爱林，张黎琳，等.2012.长江流域防护林体系建设成效评价：以浙江省为例.浙
　　江林业科技，32：71-75.

田宗伟，谭刚平，黄家禄.2001.三峡库区主要造林树种病虫害防治简述.湖北林业科技，
　　（1）：42-43.

王邦磊，孙新杰，赵学勇，等.2002.长江防护林工程区病虫害发生现状及治理对策.中国森
　　林病虫，21：42-44.

王春梅，邵彬，王汝南.2010.东北地区两种主要造林树种生态系统固碳潜力.生态学报，30：
　　1764-1772.

王明忠.1983.从四川特大洪灾总结自然资源开发利用的教训.资源科学，（2）：7-11.

王效科，冯宗炜，庄亚辉.2001.中国森林火灾释放的 CO_2、CO 和 CH_4 研究.林业科学，37：
　　90-95.

温绍能.2012.富源县珠江防护林工程建设现状与发展对策.云南科技管理，25：27-29.

温雅莉，刘道平.2013-08-14.没有森林，就没有长江的安澜——聚焦长江流域防护林体系建
　　设工程·综述篇.中国绿色时报，1 版.

吴庆标，王效科，段晓男，等.2008.中国森林生态系统植被固碳现状和潜力.生态学报，28：
　　517-524.

吴希从，温小玲，2009.南通市长江防护林体系建设对策研究.长江流域生态建设与区域科学
　　发展研讨会优秀论文集.重庆：第十一届中国科协年会.

肖干生，陈国腾.2001.生态公益林建设应实行封造结合.林业经济，（10）：58.

解宪丽.2004.基于 GIS 的国家尺度和区域尺度土壤有机碳库研究.南京：南京师范大学博士
　　学位论文.

徐新良，曹明奎，李克让.2007.中国森林生态系统植被碳储量时空动态变化研究.地理科学
　　进展，26：1-10.

许传德.1996.珠江防护林体系工程首批重点县将启动.防护林科技，5：53-54.

许新桥.2006.近自然林业理论概述.世界林业研究，19：10-13.

晏健钧，晏艺翡.2013.陕西省长江流域防护林体系建设成效及存在问题和对策.陕西林业科
　　技，（6）：48-51.

燕征，周天佑.1982.四川洪水与四川治水.中国水利，3：3.

杨小兰，张天明，童德文.2011.广西珠江流域防护林体系建设现状与对策.林业调查规划，
　　36：60-62.

杨玉盛，陈光水，谢锦升，等.2015.中国森林碳汇经营策略探讨.森林与环境学报，4：2.

叶长娣，钟晓红.2001.赣县长防林工程生态效益调查.江西林业科技，（S1）：11-12.

银春台.1990.中国长江中上游防护林体系.成都：四川科学技术出版社.

于贵瑞，方华军，伏玉玲，等.2011a.区域尺度陆地生态系统碳收支及其循环过程研究进展.生态学报，31：5449-5459.

于贵瑞，王秋凤，刘迎春，等.2011b.区域尺度陆地生态系统固碳速率和增汇潜力概念框架及其定量认证科学基础.地理科学进展，30：771-787.

于贵瑞，王秋凤，朱先进.2011c.区域尺度陆地生态系统碳收支评估方法及其不确定性.地理科学进展，30：103-113.

余遵本，郑亮.2001.安徽长防林建设回顾与分析.中国林业，1：38.

岳明，党高弟，辜天琪.2000.佛坪国家级自然保护区植被垂直带谱及其与邻近地区的比较.武汉植物学研究，18：375-382.

张克荣.2011.秦岭弃耕地的生态恢复：生态系统结构与过程.北京：中国科学院研究生院博士学位论文.

张利铭.1982.严禁滥伐滥垦，防治山区的水土流失：1981年陕南地区特大洪灾调查.水土保持通报，3：4.

张庆费，宋永昌，吴化前，等.1999.浙江天童常绿阔叶林演替过程凋落物数量及分解动态.植物生态学报，23：250-255.

张文亮，时富勋.2000.长防林染绿西峡大地：西峡县长防林工程建设纪实.河南林业，4：31-32.

张学元，李春风.2001.青海省长江上游防护林工程建设成效及发展思路.中南林业调查规划，20：33-35.

中华人民共和国林业部.1983.全国森林资源统计（1977—1981）.北京：中华人民共和国林业部.

中华人民共和国林业部.1989.全国森林资源统计（1984—1988）.北京：中华人民共和国林业部.

中华人民共和国林业部.1990.全国林业统计资料.北京：中国林业出版社.

中华人民共和国林业部.1991.全国林业统计资料.北京：中国林业出版社.

中华人民共和国林业部.1992.全国林业统计资料.北京：中国林业出版社.

中华人民共和国林业部.1993.全国林业统计资料.北京：中国林业出版社.

中华人民共和国林业部.1994a.全国林业统计资料.北京：中国林业出版社.

中华人民共和国林业部.1994b.全国森林资源统计（1989—1993）.北京：中华人民共和国林业部.

中华人民共和国林业部.1995.全国林业统计资料.北京：中国林业出版社.

中华人民共和国林业部.1996.全国林业统计资料.北京：中国林业出版社.

中华人民共和国林业部.1997.全国林业统计资料.北京：中国林业出版社.

朱明勇，谭淑端，顾胜，等. 2010. 湖北丹江口水库库区小流域土壤可蚀性特征. 土壤通报，41（2）：434-436.

Aerts R. 1997. Climate, leaf litter chemistry and leaf litter decomposition in terrestrial ecosystems: A triangular relationship. Oikos, 79: 439-449.

Ashton M S, Gunatilleke C V S, Singhakumara B M P, et al. 2001. Restoration pathways for rain forest in southwest Sri Lanka: A review of concepts and models. Forest Ecology and Management, 154: 409-430.

Bellamy P H, Loveland P J, Bradley R L, et al. 2005. Carbon losses from all soils across England and Wales 1978—2003. Nature, 437: 245-248.

Berendse F. 1990. Organic-matter accumulation and nitrogen mineralization during secondary succession in heathland ecosystems. Journal of Ecology, 78: 413-427.

Biro K, Pradhan B, Buchroithner M, et al. 2013. Land use/land cover change analysis and its impact on soil properties in the northern part of Gadarif region Sudan. Land Degradation and Development, 24: 90-102.

Bonan G B. 2008. Forests and climate change: Forcings, feedbacks, and the climate benefits of forests. Science, 320: 1444-1449.

Bontti E E, Decant J P, Munson S M, et al. 2009. Litter decomposition in grasslands of central North America (US Great Plains). Global Change Biology, 15: 1356-1363.

Bray J R, Gorham E. 1964. Litter production in forests of the world. Advances in Ecological Research, 2: 101-157.

Brown S, Lugo A E. 1984. Biomass of tropical forests: A new estimate based on forest volumes. Science, 223: 1290-1293.

Canadell J G, Raupach M R. 2008. Managing forests for climate change mitigation. Science, 320: 1456-1457.

Castro H, Fortunel C, Freitas H. 2010. Effects of land abandonment on plant litter decomposition in a Montado system: Relation to litter chemistry and community functional parameters. Plant and Soil, 333: 181-190.

Chapin F S Ⅲ, Matson P A, Mooney H A. 2002. Principles of Terrestrial Ecosystem Ecology. New York: Springer-Verlag.

Chazdon R L. 2008. Beyond deforestation: Restoring forests and ecosystem services on degraded lands. Science, 320: 1458-1460.

Chen X, Zhang X, Zhang Y, et al. 2009. Carbon sequestration potential of the stands under the Grain for Green Program in Yunnan Province, China. Forest Ecology and Management, 258: 199-206.

Cheng X, Luo Y, Chen J, et al. 2006. Short-term C_4 plant Spartina alterniflora invasions change the soil carbon in C_3 plant-dominated tidal wetlands on a growing estuarine island. Soil Biology & Biochemistry, 38: 3380-3386.

Cheng X, Yang Y, Li M, et al. 2013. The impact of agricultural land use changes on soil organic carbon dynamics in the Danjiangkou Reservoir area of China. Plant Soil, 366: 415-424.

Connin S L, Virginia R A, Chamberlain C P. 1997. Carbon isotopes reveal soil organic matter dynamics following arid land shrub expansion. Oecologia, 110: 374-386.

Cortez J, Garnier E, Pérez-Harguindeguy N, et al. 2007. Plant traits, litter quality and decomposition in a Mediterranean old-field succession. Plant and Soil, 296: 19-34.

Coûteaux M M, Bottner P, Berg B. 1995. Litter decomposition, climate and liter quality. Trends in Ecology & Evolution, 10: 63-66.

Cusack D F, Chou W W, Yang W H, et al. 2009. Controls on long-term root and leaf litter decomposition in neotropical forests. Global Change Biology, 15: 1339-1355.

Czerepko J. 2004. Development of vegetation in managed Scots pine (*Pinus sylvestris* L.) stands in an oak-lime-hornbeam forest habitat. Forest Ecology and Management, 202: 119-130.

Davidson E A, Janssens I A. 2006. Temperature sensitivity of soil carbon decomposition and feedbacks to climate change. Nature, 440: 165-173.

Davidson E A, Reis de Carvalho C J, Figueira A M. et al. 2007. Recuperation of nitrogen cycling in Amazonian forests following agricultural abandonment. Nature, 447: 995-998.

Deng L, Liu G, Shangguan Z. 2014. Land-use conversion and changing soil carbon stocks in China's 'Grain-for-Green' Program: A synthesis. Global Change Biology, 20: 3544-3556.

Deng Q, Cheng X, Hui D, et al. 2016. Soil microbial community and its interaction with soil carbon and nitrogen dynamics following afforestation in central China. Science of the Total Environment, 541: 230-237.

Dou X, Zhou W, Zhang Q, et al. 2016. Greenhouse gas (CO_2, CH_4, N_2O) emissions from soils following afforestation in central China. Atmospheric Environment, 126: 98-106.

Eggers J, Lindner M, Zudin S, et al. 2008. Impact of changing wood demand, climate and land use on European forest resources and carbonstocks during the 21st century. Global Change Biology, 14: 2288-2303.

Elser J J, Bracken M E S, Cleland E E, et al. 2007. Global analysis of nitrogen and phosphorus limitation of primary producers in freshwater, marine and terrestrial ecosystems. Ecology Letters, 10 (12): 1135-1142.

Fahey T J, Woodbury P B, Battles J J, et al. 2010. Forest carbon storage: Ecology, management, and policy. Frontiers in Ecology and the Environment, 8: 245-252.

Fang J Y, Chen A P, Peng C H, et al. 2001. Changes in forest biomass carbon storage in China between 1949 and 1998. Science, 292: 2320-2322.

Fang J, Guo Z, Piao S, et al. 2007. Terrestrial vegetation carbon sinks in China, 1981—2000. Sci China Ser D-Earth Sci, 50: 1341-1350.

FAO. 2010. Global Forest Resource Assessment 2010: Main Report. Rome: FAO.

Fierer N, Strickland M S, Liptzin D, et al. 2009. Global patterns in belowground communities. Ecology Letter, 12: 1238-1249.

Finéer L, Messier C, De Grandpré L, 1997. Fine-root dynamics in mixed boreal conifer-broad-leafed forest stands at different successional stages after fire. Canadian Journal of Forestry Research, 27: 304-314.

Foley J A, DeFries R, Asner G P, et al. 2005. Global consequences of land use. Science, 309: 570-574.

Foster B L, Tilman D. 2000. Dynamic and static views of succession: Testing the descriptive power of the chronosequence approach. Plant Ecology, 146: 1-10.

Frazão L A, de Cássia Piccolo A, Feigl B J, et al. 2010. Inorganic nitrogen, microbial biomass and microbial activity of a sandy Brazilian cerrado soil under different land uses. Agriculture Ecosystems and Environment, 135: 161-167.

Galatowitsch S M. 2009. Carbon offsets as ecological restorations. Restoration Ecology, 17: 563-570.

Geist H J, Lambin, E F. 2002. Proximate causes and underlying driving forces of tropical deforestation. BioScience, 52: 143-150.

Gill R A, Burke I C. 1999. Ecosystem consequences of plant life form changes at three sites in the semiarid United States. Oecologia, 121: 551-563.

Gower S T, Gholz H L, Nakane K, et al. 1994. Production and carbon accumulation patterns of pine forests. Ecological Bulletins, 43: 115-135.

Guan D, Liu Z, Geng Y, et al. 2012. The gigatonne gap in China's carbon dioxide inventories. Nature Climate Change, 2: 672-675.

Guariguata M R, Ostertag R. 2001. Neotropical secondary forest succession: changes in structural and functional characteristics. Forest Ecology and Management, 148: 185-206.

Guo L B, Gifford R M. 2002. Soil carbon stocks and land use change: A meta analysis. Global Change Biology, 8: 345-360.

Gómez-Pompa A C, Vásquez-Yanes C. 1974. Studies on secondary succession of tropical lowlands: The life cycle of secondary species. Hague: First International Congress of Ecology.

Hagerman A E. 1987. Radial diffusion method for determining tannin in plant extracts. Journal of Chemical Ecology, 13: 437-449.

Hansen M C, Potapov P V, Moore R, et al. 2013. High-resolution global maps of 21st-century forest cover change. Science, 342: 850-853.

Hertel D, Hölscher D, Köhler L, et al. 2006. Changes in fine root system size and structure during secondary succession in a Costa Rican montane oak forest. Ecological Studies, 185: 283-297.

Hoorens B, Aerts R, Stroetenga M. 2003. Does initial litter chemistry explain litter mixture effects on decomposition? Oecologia, 137: 578-586.

Houghton R A, Hackler J L, Lawrence K T. 1999. The U. S. carbon budget: Contributions from land-use change. Science, 285: 574-578.

Hudiburg T, Law B, Turner D P, et al. 2009. Carbon dynamics of Oregon and Northern California forests and potential land-based carbon storage. Ecological Applications, 19: 163-180.

Hui D, Robert B J. 2009. Assessing interactive responses in litter decomposition in mixed species litter. Plant and Soil, 314: 263-271.

Hättenschwiler S, Tiunov A V, Scheu S. 2005. Biodiversity and litter decomposition in terrestrial eco-systems. Annual Review of Ecology, Evolution and Systematics, 36: 191-218.

IPPC. 2001. Climate Change 2001: The Scientific Basis. Contribution of Working Group I to the Third Assessment Report of the Intergovernmental Panel on Climate Change. Cambridge: Cambridge University Press.

IPCC. 2007. Climate Change 2007: The Physical Science Basis. Contribution of Working Group I to the Fourth Assessment Report of the Intergovernmental Panel on Climate Change. New York: Cambridge University Press.

Jackson R B, Mooney H A, Schulze E D. 1997. A global budget for fine root biomass, surface area, and nutrient contents. Proceedings of the National Academy of Sciences of the United States of America, 94: 7362-7366.

Jha P, Mohapatra K P. 2010. Leaf litterfall, fine root production and turnover in four major tree species of the semi-arid region of India. Plant and Soil, 326: 481-491.

Jiang Y, Kang M Y, Gao Q Z, et al. 2003. Impact of land use on plant biodiversity and measures for biodiversity conservation in the Loess Plateau in China: A case study in a hilly-gully region of the Northern Loess Plateau. Biodiversity and Conservation, 12: 2121-2133.

Jiao J Y, Tzanopoulos J, Xofis P, et al. 2007. Can the study of natural vegetation succession assist in the control of soil erosion on abandoned croplands on the Loess Plateau, China? Restoration Ecology, 15: 391-399.

Johnson E A, Miyanishi K. 2008. Testing the assumptions of chronosequences in succession. Ecology Letters, 11: 419-431.

Jones P D, Edwards S L, Demarais S, et al. 2009. Vegetation community responses to different establishment regimes in loblolly pine (*Pinus taeda*) plantations in southern MS, USA. Forest Ecology and Management, 257: 553-560.

Ju W M, Chen J M, Harvey D, et al. 2007. Future carbon balance of China's forests under climate change and increasing CO_2. Journal of Environmental Management, 85: 538-562.

Kazakou E, Vile D, Shipley B, et al. 2006. Covariations in litter decomposition, leaf traits and plant growth in species from a Mediterranean old-field succession. Functional Ecology, 20: 21-30.

Kazakou E, Violle C, Roumet C, et al. 2009. Litter quality and decomposability of species from a Mediterranean succession depend on leaf traits but not on nitrogen supply. Annals of Botany, 104: 1151-1161.

Keith H, Mackey B G, Lindenmayer D B. 2009. Re-evaluation of forest biomass carbon stocks and lessons from the world's most carbon-dense forests. Proceedings of the National Academy of Sciences of the United States of America, 106: 11635-11640.

King J S, Albaugh T J, Allen H L, et al. 2002. Below-ground carbon input to soil is controlled by nutrient availability and fine root dynamics in loblolly pine. New Phytologist, 154: 389-398.

Kirk T K, Obst J R. 1988. Lignin determination. Methods in Enzymology, 161: 87-101.

Knoepp J D, Swank W T. 2002. Using soil temperature and moisture to predict forest soil nitrogen mineralization. Biology and Fertility of Soils, 36 (3): 177-182.

Kramer P J. 1981. Carbon dioxide concentration, photosynthesis, and dry matter production. Bioscience, 31: 29-33.

Laganière J, Angers D A, Paré D. 2010. Carbon accumulation in agricultural soils after afforestation: A meta-analysis. Global Change Biology, 16: 439-453.

Lamb D, Erskine P D, Parrotta J A. 2005. Restoration of degraded tropical forest landscapes. Science, 310: 1628-1632.

Lee C S, You Y H, Robinson G R. 2002. Secondary succession and natural habitat restoration in abandoned rice fields of central Korea. Restoration Ecology, 10: 306-314.

Li M, Zhou X, Zhang Q, et al. 2014. Consequences of afforestation for soil nitrogen dynamics in central China. Agriculture, Ecosystems and Environment, 183: 40-46.

Li Y, Mathews B W. 2010. Effects of conversion of sugarcane plantation to forest and pasture on soil carbon in Hawaii. Plant Soil, 335: 245-253.

Lieth H. 1973. Primary production: Terrestrial ecosystems. Human Ecology, 1: 303-332.

Lieth H, Whittaker R H. 1975. Primary Productivity of the Biosphere. New York: Springer-Verlag.

Liu J, Diamond J. 2005. China's environment in a globalizing world. Nature, 435: 1179-1185.

Liu S L, Li X M, Niu L M. 1998. The degradation of soil fertility in pure larch plantations in the northeastern part of China. Ecological Engineering, 10: 75-86.

Liu Y, Tao Y, Wan K Y, et al. 2012. Runoff and nutrient losses in citrus orchards on sloping land subjected to different surface mulching practices in the Danjiangkou Reservoir area of China. Agricultural Water Management, 110: 34-40.

Liu Y C, Yu G R, Wang Q F, et al. 2014. Carbon carry capacity and carbon sequestration potential in China based on an integrated analysis of mature forest biomass. Science China Life Science, 57: 1218-1229.

Lu R K. 2000. Soil Agro-chemical Analyses. Beijing: Agricultural Technical Press of China.

Lugo A E. 1997. The apparent paradox of reestablishing species richness on degraded lands with tree monocultures. Forest Ecology and Management, 99: 9-19.

Maestre F T, Cortina J, Vallejo R. 2006. Are ecosystem composition, structure, and functional status related to restoration success? A test from semiarid mediterranean steppes. Restoration Ecology, 14: 258-266.

Makkonen K, Helmisaari H S. 2001. Fine root biomass and production in Scots pine stands in relation to stand age. Tree Physiology, 21: 193-198.

Marcos J A, Marcos E, Taboada A, et al. 2007. Comparison of community structure and soil characteristics in different aged *Pinus sylvestris* plantations and natural pine forest. Forest Ecology and Management, 247: 35-42.

Marín-Spiotta E, Swanston C W, Torn M S, et al. 2008. Chemical and mineral control of soil carbon turnover in abandoned tropical pastures. Geoderma, 143: 49-62.

Mather A S. 2007. Recent Asian forest transitions in relation to forest-transition theory. Int For Rev, 9: 491-502.

Matthews E. 1997. Global litter production, pools, and turnover times: Estimates from measurement data and regression models. Journal of Geophysical Research, 102: 18771-18800.

Mayer P M. 2008. Ecosystem and decomposer effects on litter dynamics along an old field to old-growth forest successional gradient. Acta Oecologica, 33: 222-230.

Meier I C, Leuschner C. 2010. Variation of soil and biomass carbon pools in beech forests across a precipitation gradient. Global Change Biology, 16: 1035-1045.

Menezes C E G, Pereira M G, Correia M E F, et al. 2010. Litter contribution and decomposition and root biomass production in forests at different successional stages in Pinheiral, RJ. Ciência Florestal,

20: 439-452.

Montane F, Rovira P, Casals P. 2007. Shrub encroachment into mesic mountain grasslands in the Iberian peninsula: Effects of plant quality and temperature on soil C and N stocks. Global Biogeochemical Cycles, 21: GB4016. DOI: 10. 1029/2006GB002853.

Mungai N W, Motavalli P P. 2006. Litter quality effects on soil carbon and nitrogen dynamics in temperate alley cropping systems. Applied Soil Ecology, 31: 32-42.

Niemeier D, Rowan D. 2009. From kiosks to megastores: The evolving carbon market. California Agriculture, 63: 96-103.

Ohtsuka T, Shizu Y, Nishiwaki A, et al. 2010. Carbon cycling and net ecosystem production at an early stage of secondary succession in an abandoned coppice forest. Journal of Plant Research, 123: 393-401.

Olson J S. 1963. Energy- storage and balance of producers and decomposers in ecological-systems. Ecology, 44: 322-331.

Ostertag R. 2001. Effects of phosphorus and nitrogen availability in fine root dynamics in Hawaiian montane forests. Ecology, 82: 485-499.

Ostertag R, Marín-Spiotta E, Silver W L, et al. 2008. Litterfall and decomposition in relation to soil carbon pools along a secondary forest chronosequence in Puerto Rico. Ecosystems, 11: 701-714.

Otsamo R. 2000. Secondary forest regeneration under fast- growing forest plantations on degraded *Imperata cylindrica* grasslands. New Forests, 19: 69-93.

O'Connell A M. 1987. Litter dynamics in Karri (*Eucalyptus diversicolor*) forests of South- Western Australia. Journal of Ecology, 87: 781-796.

Pan Y D, Luo T X, Richard B, et al. 2004. New estimates of carbon storage and sequestration in China's forests: Effects of age- class and method on inventory- based carbon estimation. Climatic Change, 67: 211-236.

Pan Y D, Birdsey R A, Fang J Y, et al. 2011. A large and persistent carbon sink in the world's forests. Science, 333: 988-993.

Paritsis J, Aizen A A. 2008. Effects of exotic conifer plantations on the biodiversity of understory plants, epigeal beetles and birds in *Nothofagus dombeyi* forests. Forest Ecology and Management, 255: 1575-1583.

Pastor J, Aber J D, McClaugherty C A, et al. 1984. Above- ground production and N and P cycling along a nitrogen mineralization gradient on Blackhawk Island, Wisconsin. Ecology, 65: 256-268.

Piao S, Fang J, Ciais P, et al. 2009. The carbon balance of terrestrial ecosystems in China. Nature, 458: 1009-1013.

Post W M, Kwon K C. 2000. Soil carbon sequestration and land-use change: Processes and potential. Global Change Biology, 6: 317-327.

Prach K. 2003. Spontaneous succession in Central-European man-made habitats: What information can be used in restoration practice? Applied Vegetation Science, 6: 125-129.

Prach K, Pyšek P. 2001. Using spontaneous succession for restoration of human- disturbed habitats: Experience from central Europe. Ecological Engineering, 17: 55-62.

Rabalais N N. 2002. Nitrogen in aquatic ecosystems. Ambio: A Journal of the Human Environment, 31 (2): 102-112.

Raich J W, Schlesinger W H. 1992. The global carbon dioxide flux in soil respiration and its relationship to vegetation and climate. Tellus B, 44: 81-99.

Rey Benayas J M, Martins A, Nicolau J M, et al. 2007. Abandonment of agricultural land: An overview of drivers and consequences. CAB Reviews: Perspectives in Agriculture, Veterinary Science, Nutrition and Natural Resources, 2: 1-14.

Rovira P, Vallejo V R. 2007. Labile, recalcitrant, and inert organic matter in Mediterranean forest soils. Soil Biology & Biochemistry, 39: 202-215.

Roxburgh S H, Wood S W, Mackey B G, et al. 2006. Assessing the carbon sequestration potential of managed forests: A case study from temperate Australia. Journal of Applied Ecology, 43: 1149-1159.

Ruess R W, Hendrick R L, Burton A J, et al. 2003. Coupling fine root dynamics with ecosystem carbon cycling in black spruce forests of interior Alaska. Ecological Monographs, 73: 643-662.

Ruiz-Jaén M C, Aide T M. 2005. Vegetation structure, species diversity, and ecosystem processes as measures of restoration success. Forest Ecology and Management, 218: 159-173.

Schindler M H. Gessner M O. 2009. Functional leaf traits and biodiversity effects on litter decomposition in a stream. Ecology, 90: 1641-1649.

Scholes M C, Nowicki T E. 1998. Effects of pines on soil properties and processes//Richardson D M. Ecology and Biogeography of Pinus. Cambridge: Cambridge University Press.

Schulze E D. 2000. Carbon and Nitrogen Cycling in European Forest Ecosystems. Berlin: Springer.

Shi X Z, Wang H J, Yu D S, et al. 2009. Potential for soil carbon sequestration of eroded areas in subtropical China. Soil and Tillage Research, 105: 322-327.

Silver W L, Miya R K. 2001. Global patterns in root decomposition: Comparisons of climate and litter quality effects. Oecologia, 129: 407-419.

Silver W L, Thompson A W, McGroddy M E, et al. 2005. Fine roots dynamics and trace gas fluxes in two lowland tropical forest soils. Global Change Biology, 11: 290-306.

Six J, Frey S D, Thiet R K, et al. 2006. Bacterial and fungal contributions to carbon sequestration in agroecosystems. Soil Science Society of America Journal, 70: 555-569.

Steinaker D F, Wilson S D. 2005. Belowground litter contributions to nitrogen cycling at a northern grassland-forest boundary. Ecology, 86: 2825-2833.

Stevenson B A, Hunter D W F, Rhodes P L. 2014. Temporal and seasonal change in microbial community structure of an undisturbed, disturbed, and carbon-amended pasture soil. Soil Biology and Biochemistry, 75: 175-185.

Swan C M, Gluth M A, Horne C L. 2009. Leaf litter species evenness influences nonadditive breakdown in a headwater stream. Ecology, 90: 1650-1658.

Templer P H, Groffman P M, Flecker A S, et al. 2005. Land use change and soil nutrient transformations in the Los Haitises region of the Dominican Republic. Soil Biology and Biochemistry, 37 (2): 215-225.

Trumbore S E, Gaudinski J B. 2003. The secret lives of roots. Science, 302: 1344.

Uselman S M, Qualls R G, Lilienfein J. 2007. Fine root production across a primary successional ecosystem chronosequence at Mt. Shasta, California. Ecosystems, 10: 703-717.

Vanninen P, Mäkelä A. 1999. Fine-root biomass of Scots pine stands differing in age and soil fertility in southern Finland. Tree Physiology, 19: 823-830.

Vesterdal L, Ritter E, Gundersen P. 2002. Change in soil organic carbon following afforestation of former arable land. Forest Ecology and Management, 169: 137-147.

Vogt K A, Grier C C, Vogt D J. 1986. Production, turnover and nutritional dynamics of aboveground and belowground detritus of world forest. Advances in Ecological Research, 15: 303-377.

Waring R H, Schlesinger W H. 1985. Forest Ecosystems: Concepts and Management. San Diego, CA: Academic.

Woodwell G M, Whitakerm R H, Reiners W A, et al. 1978. Biota and the world carbon budget. Science, 199: 141-146.

Xu B, Guo Z D, Piao S L, et al. 2010. Biomass carbon stocks in China's forests between 2000 and 2050: A prediction based on forest biomass-age relationships. Science China Life Science, 53: 776-783.

Xuluc-Tolosa F J, Vester H F M, Ramírez-Marcial N, et al. 2003. Leaf litter decomposition of tree species in three successional phases of tropical dry secondary forest in Campeche, Mexico. Forest Ecology and Management, 174: 401-412.

Yan E R, Wang X H, Guo M, et al. 2009. Temporal patterns of net soil N mineralization and nitrification through secondary succession in the subtropical forests of eastern China. Plant and Soil,

320: 181-194.

Yang L Y, Wu S T, Zhang L B. 2010. Fine root biomass dynamics and carbon storage along a successional gradient in Changbai Mountains, China. Forestry, 83: 379-387.

Yang Y, Luo Y, Finzi A C. 2011. Carbon and nitrogen dynamics during forest stand development: A global synthesis. New Phytologist, 190: 977-989.

Yankelevich S N, Fragoso C, Newton A C, et al. 2006. Spatial patchiness of litter, nutrients and macroinvertebrates during secondary sucession in a Tropical Montane Cloud Forest in Mexico. Plant and Soil, 286: 123-139.

Yuste J C, Penuelas J, Estiarte M, et al. 2014. Drought-resistant fungi control soil organic matter decomposition and its response to temperature. Global Chang Biology, 17: 1475-1486.

Zhang K, Dang H, Tan S, et al. 2010a. Change in soil organic carbon following the Grain-for-Green programme in China. Land Degradation & Development, 21: 13-23.

Zhang K, Dang H, Tan S, et al. 2010b. Vegetation community and soil characteristics of abandoned agricultural land and pine plantation in the Qinling Mountains, China. Forest Ecology and Management, 259: 2036-2047.

Zhang K, Cheng X, Dang H. et al. 2013. Linking litter production, quality and decomposition to vegetation succession following agricultural abandonment. Soil Biology Biochemistry, 57: 803-813.

Zhang K, Song C, Zhang Y, et al. 2017. Natural disasters and economic development drive forest dynamics and transition in China. Forest Policy and Economics, 76: 56-64.

Zhang Q, Xu Z, Shen Z, et al. 2009. The Han River watershed management initiative for the South-to-North Water Transfer Project (Middle Route) of China. Environmental Monitoring and Assessment, 148: 369-377.

Zhou G, Guan L, Wei X, et al. 2008. Factors influencing leaf litter decomposition: An intersite decomposition experiment across China. Plant and Soil, 311: 61-72.

Zhou G S, Wang Y H, Jiang Y L, et al. 2002. Estimating biomass and net primary production from forest inventory data: A case study of China's Larix forests. Forest Ecology and Management, 169: 149-157.

Zhou G Y, Liu S G, Li Z, et al. 2006. Old-growth forests can accumulate carbon in soils. Science, 314: 1417.

附录1 长江中上游防护林体系建设一期工程县

省（自治区、直辖市）	县数	第一批县	第二批县	第三批县
合计	271	145	55	71
江西	25	横峰、进贤、南城、金溪、广丰、兴国、于都、赣县、瑞金、南康	宁都、石城、会昌、信丰、鹰潭	吉安、乐平、泰和、弋阳、广昌、瑞昌、万安、临川、吉水、上犹
湖南	28	衡阳、衡东、麻阳、隆回、石门、慈利、桑植、大庸永定区、永顺、保靖、花垣、新化、衡南	龙山、泸溪、凤凰、溆浦、茶陵、安仁	祁东、桂阳、祁阳、安化、常宁、吉首、沅陵、辰溪、新晃
湖北	29	阳新、罗田、巴东、秭归、宜昌、咸丰、宜恩、鹤峰、建始、长阳、勋西、宜昌市郊、谷城、恩施	郧阳区、房县、丹江口市、兴山、利川	竹山、竹溪、来凤、十堰市、五峰、枝城、松滋、南漳、黄陂、新洲
四川	87	巫山、奉节、云阳、万县、开县、忠县、丰都、涪陵、武胜、岳池、南充、西充、蓬安、南部、旺苍、阆中、苍溪、剑阁、广元、安岳、遂宁市中区、蓬溪、射洪、盐亭、梓潼、三台、中江、绵阳市中区、安县、江油、广安、渠县、营山、仪陇、大竹、达县、开江、宜汉、平昌、通江、巴中、隆昌、富顺、荣县、威远、内江、资中、仁寿、资阳、乐至、简阳、金堂、德阳市中区、茂县、金阳、宁南、会东、攀枝花市仁和区、西昌、冕宁	巫溪、石柱、邻水、梁平、会理、雷波、越西、布拖、昭觉、南川、南江、酉阳、秀山、黔江、彭水、万源、金口河、北川、城口、武隆	平武、美姑、德昌、青川、米易、康定、屏山

172

省（自治区、直辖市）	县数	第一批县	第二批县	第三批县
重庆	13	江北、北碚、合川、潼南、铜梁、大足、长寿、綦江、璧山	永川、巴县、江津	荣昌
陕西	20	白河、略阳、安康市、石泉、紫阳、西乡、宁强、旬阳、镇巴	山阳、商州、商南	丹凤、南郑、柞水、镇安、岚皋、镇坪、勉县、平利
甘肃	11	宕昌、舟曲、武都、礼县、西和、成县	天水市秦州区、康县	文县、两当、徽县
贵州	19	赫章、毕节、大方、纳雍、水城、织金、普定、息烽、修文、开江	瓮安、清镇	德江、思南、福泉、遵义、余庆、石阡、黔西
云南	25	昭通、东川、会泽、鲁甸、巧家、绥江、永善、盐津、大关、彝良、威信、镇雄、水富、元谋	宣威、寻甸、曲靖	马龙、姚安、大姚、丽江、祥云、永胜、宁蒗、禄劝
河南	6		内乡、西峡、镇平、方城、淅川、南召	
安徽	5			东至、宿松、望江、太湖、岳西
青海	3			班玛、玉树、称多

附录2 长江流域防护林体系建设 二期工程建设范围

省（自治区、直辖市）	市、地区	县数	工程县（市、区）名称
17	152	1035	工程区总面积 228 592 897hm²
青海	2	8	治理区面积 23 380 347hm²，占工程区面积的 10.2%
	玉树	6	班玛、玉树、杂多、称多、治多、曲麻莱
	果洛	2	达日、久治
甘肃	3	12	治理区面积 2 222 393hm²，占工程区面积的 1.0%
	陇南	9	武都、成县、康县、文县、四和、礼县、两当、徽县、宕昌
	甘南	1	舟曲
	天水	2	北道、秦城
西藏	1	3	治理区面积 3 108 000hm²，占工程区面积的 1.4%
	昌都	3	江达、贡觉、芒康
四川	21	174	治理区面积 48 257 242hm²，占工程区面积的 21.1%
	成都	14	龙泉区、青白江区、金堂、双流、温江、郫县、新都区、彭州、崇州、大邑、邛崃、蒲江、新津、都江堰
	自贡	5	沿滩区、贡井区、大安、荣县、富顺
	攀枝花	5	东区、西区、仁和区、米易、盐边
	泸州	7	龙马潭区、江阳区、纳溪区、泸县、叙永、合江、古蔺
	德阳	6	罗江、旌阳区、广汉、中江、绵竹、什邡
	绵阳	9	涪城区、游仙区、三台、盐亭、梓潼、安县、北川、平武、江油
	广元	7	朝天区、元坝区、市中区、旺苍、青川、剑阁、苍溪
	遂宁	4	市中区、蓬溪、射洪、大英
	内江	5	市中区、东兴区、威远、隆昌、资中
	资阳	4	雁江区、乐至、安岳、简阳

续表

省（自治区、直辖市）	市、地区	县数	工程县（市、区）名称
四川	南充	9	嘉陵区、高坪区、顺庆区、南部、营山、蓬安、仪陇、西充、阆中
	宜宾	10	翠屏区、宜宾县、南溪、江安、长宁、高县、筠连、珙县、兴文、屏山
	广安	5	广安区、华蓥、岳池、武胜、邻水
	达州	7	通川区、达县、开江、大竹、渠县、宣汉、万源
	巴中	4	巴州区、通江、南江、平昌
	雅安	8	雨城区、荥经、汉源、石棉、天全、芦山、宝兴、名山
	乐山	11	市中区、沙湾区、五通桥区、金口河区、犍为、井研、夹江、沐川、峨边、马边、峨眉山
	眉山	6	东坡区、仁寿、洪雅、彭山、青神、丹棱
	阿坝	13	汶川、理县、茂县、松潘、金川、小金、黑水、马尔康、壤塘、阿坝县、九寨沟、若尔盖、红原
	甘孜	18	康定、泸定、丹巴、九龙、雅江、道孚、炉霍、甘孜县、新龙、德格、白玉、石渠、色达、理塘、巴塘、乡城、稻城、得荣
	凉山	17	西昌、德昌、会理、会东、宁南、普格、布拖、金阳、昭觉、喜德、冕宁、美姑、雷波、木里、盐源、岳西、甘洛
重庆	3	40	治理区面积 8 235 693hm^2，占工程区面积的3.6%
	市直管区县	28	江北区、大渡口区、渝中区、沙坪坝区、九龙坡区、南岸区、巴南区、渝北区、北碚区、双桥区、万盛区、江津、永川、南川、涪陵区、綦江区、璧山、梁平、长寿、垫江、丰都、武隆、城口、合川、潼南、铜梁、大足、荣昌
	万州	7	万州区、开县、忠县、云阳、奉节、巫山、巫溪
	黔江	5	石柱、秀山、黔江县、酉阳、彭水
云南	12	66	治理区面积 24 019 226hm^2，占工程区面积的10.5%
	昆明	10	官渡区、西山区、呈贡、晋宁、安宁、富民、嵩明、禄劝、东川、寻甸

省（自治区、直辖市）	市、地区	县数	工程县（市、区）名称
云南	昭通	11	昭通县、鲁甸、巧家、盐津、大关、永善、绥江、水富、威信、镇雄、彝良
	曲靖	7	沾益、麒麟、马龙、宣威、会泽、罗平、师宗
	楚雄	10	楚雄县、牟定、南华、姚安、大姚、永仁、元谋、武定、禄丰、双柏
	大理	8	祥云、宾川、剑川、大理县、南涧、弥渡、洱源、巍山
	怒江	4	贡山、福贡、泸水、兰坪
	红河	2	弥勒、开远
	文山	2	广南、丘北
	玉溪	1	新平
	西双版纳	3	勐腊、景宏、勐海
	丽江	5	永胜、华坪、古城区、鹤庆、宁蒗
	迪庆	3	中甸、德钦、维西
贵州	8	64	治理区面积 12 075 313hm^2，占工程区面积的 5.3%
	贵阳	5	贵阳、开阳、息烽、修文、清镇
	六盘水	3	中山、永城、六枝
	遵义	13	遵义市、桐梓、绥阳、正安、道真、务川、凤冈、湄潭、余庆、仁怀、赤水、习水、红花区
	铜仁	10	铜仁市、江口、玉屏、石阡、思南、印江、德江、沿江、松桃、万山特区
	毕节	8	毕节市、大方、黔西、金沙、织金、纳雍、赫章、威宁
	安顺	4	安顺县、平坝、普定、镇宁
	黔东南	15	凯里、黄平、施秉、三穗、镇远、岑巩、天柱、锦屏、剑河、台江、黎平、榕江、富山、麻江、丹寨
	黔南	6	都匀、贵定、福泉、瓮安、长顺、龙里
陕西	4	29	治理区面积 6 594 073hm^2，占该治理区面积的 2.9%
	商洛	6	商州、丹凤、商南、山阳、镇安、柞水
	汉中	11	汉台、南郑、城固、洋县、西乡、勉县、宁强、略阳、镇巴、留坝、佛坪
	安康	10	汉滨区、汉阴、石泉、宁陕、紫阳、岚皋、平利、镇坪、旬阳、白河
	宝鸡	2	凤县、太白

续表

省（自治区、直辖市）	市、地区	县数	工程县（市、区）名称
山东	11	70	治理区面积 7 964 443hm²，占工程区面积的 3.5%
	济南	8	历城区、历下区、市中区、槐荫区、天桥区、章丘、长清、平阴
	淄博	6	沂源、博山区、淄川区、临淄区、周村区、张店区
	潍坊	6	诸城、安丘区、昌乐、青州、临朐、高密
	枣庄	6	市中区、峄城区、薛城区、山亭区、台儿庄区、滕州
	济宁	12	任城区、曲阜、邹城、兖州、微山、嘉祥、汶上、梁山、泗水、市中区、鱼台、金乡
	泰安	6	泰山区、岱岳区、新泰、肥城、宁阳、东平
	日照	2	五莲、莒县
	滨州	1	邹平
	莱芜	2	莱城区、钢城区
	临沂	12	罗庄区、河东区、兰山区、临沭、郯城、苍山、费县、莒南、平邑、蒙阴、沂南、沂水
	菏泽	9	菏泽市、巨野、成武、鄄城、东明、定陶、曹县、单县、郓城
河南	11	89	治理区面积 11 403 841hm²，占工程区面积的 5.0%
	郑州	10	荥阳、登封、新密、中原区、二七区、邙山区、中牟、新郑、管城区、金水区
	洛阳	1	汝阳
	平顶山	10	卫东区、石龙区、汝州、宝丰、叶县、鲁山、郏县、舞钢、湛河区、新华区
	驻马店	10	遂平、驻马店市、新蔡、西平、汝南、平舆、正阳、上蔡、泌阳、确山
	开封	6	开封县、兰考、尉氏、通许、杞县、开封市郊
	周口	10	周口市、西华、扶沟、太康、项城、鹿邑、郸城、沈丘、淮阳、商水
	商丘	9	虞城、夏邑、永城、柘城、民权、宁陵、睢县、睢阳、梁园区
	漯河	4	郾城、舞阳、临颍、源汇区
	许昌	6	禹州、襄城、长葛、许昌县、鄢陵、魏都区
	南阳	13	西峡、淅川、南召、内乡、镇平、邓州、方城、社旗、唐河、新野、卧龙区、宛城区、桐柏
	信阳	10	商城、新县、光山、固始、潢川、平桥区、浉河区、罗山、息县、淮滨

续表

省（自治区、直辖市）	市、地区	县数	工程县（市、区）名称
	12	64	治理区面积 7 362 440hm²，占工程区面积的 3.2%
江苏	南京	9	江宁、溧水、高淳、六合、江浦、雨花台、栖霞区、浦口区、大厂区
	扬州	6	扬州市郊区、邗江县、江都区、宝应、高邮、仪征
	泰州	5	泰州市郊区、姜堰区、兴化、泰兴、靖江
	徐州	7	丰县、沛县、铜山、睢宁、邳州、新沂、贾汪区
	淮阴	8	清浦区、淮阴区、涟水、淮安、盱眙、淮阴市区、洪洋、金湖
	宿迁	4	泗洪、沭阳、宿豫、泗阳
	盐城	3	阜宁、盐都、建湖
	苏州	4	太仓、昆山、吴县、吴江
	常州	6	武进、金坛、溧阳、常州市郊区、常熟、张家港
	无锡	5	无锡市郊区、马山区、锡山、宜兴、江阴
	镇江	6	句容、丹徒、丹阳、扬中、润州区、京口区
	南通	1	如皋
	16	93	治理区面积 13 776 581hm²，占工程区面积的 6.0%
安徽	合肥	7	合肥郊区、长丰、肥东、肥西、金安区、裕安区、叶集
	淮南	7	凤台、潘集区、八公山区、田家庵区、大通区、谢家集区、毛集区
	淮北	3	濉溪、相山区、烈山区
	蚌埠	4	蚌埠市郊、怀远、固镇、五河
	阜阳	11	涡阳、蒙城、利辛、界首、阜南、太和、临泉、颍泉区、颍东区、颍州区、颍上
	宿州	6	谯城区、砀山、萧县、泗县、灵璧、埇桥区
	安庆	9	岳西、桐城、潜山、太湖、枞阳、宿松、怀宁、望江、安庆市郊
	六安	5	舒城、霍邱、霍山、金寨、寿县
	滁州	9	来安、全椒、凤阳、定远、天长、明光、南谯区、琅玡区、居巢区
	巢湖	4	含山、庐江、无为、和县
	池州	5	东至、贵池、青阳、石台、九华山区
	铜陵	2	铜陵郊区、铜陵市
	芜湖	5	芜湖县、南陵、繁昌、马塘区、鸠江区
	马鞍山	2	当涂、向山区
	黄山	7	祁门、黟县、歙县、休宁、黄山区、徽州区、屯溪区
	宣城	7	宣州、宁国、广德、郎溪、泾县、旌德、绩溪

续表

省（自治区、直辖市）	市、地区	县数	工程县（市、区）名称
	14	114	治理区面积 19 914 008hm²，占工程面积的 8.7%
湖南	长沙	9	长沙县、望城、雨花区、宁乡、开福区、芙蓉区、天心区、岳麓区、浏阳
	岳阳	9	岳阳楼区、云溪区、君山区、岳阳县、华容、湘阴、汨罗、临湘、平江
	株洲	9	芦淞区、石峰区、天元区、荷塘区、株洲县、醴陵、攸县、茶陵、炎陵
	益阳	6	沅江、南县、赫山区、资阳区、安化、桃江
	常德	9	澧县、汉寿、鼎城区、津市、安乡、武陵区、临澧、桃园、石门
	娄底	5	涟源、冷水江、新化、双峰、娄星
	怀化	12	中方、鹤城区、会同、靖州、通道、洪江、芷江、溆浦、麻阳、辰溪、新晃、沅陵
	邵阳	12	隆回、洞口、武冈、绥宁、双清区、大祥区、北塔区、邵东、新邵、邵阳县、新宁、城步
	湘潭	5	韶山、岳塘区、雨湖区、湘潭县、湘乡
	衡阳	9	衡阳市郊、衡南、衡东、衡山、衡阳县、南岳区、祁东、常宁、宋阳
	郴州	8	嘉禾、桂阳、永兴、苏仙区、北湖区、桂东、安仁、资兴
	永州	9	宁远、蓝山、新田、双牌、道县、祁阳、东安、冷水滩区、零陵区
	张家界	4	桑植、慈利、永定区、武陵源区
	湘西	8	吉首、凤凰、泸溪、花垣、保靖、永顺、龙山、古丈
湖北	14	80	治理区面积 18 631 306hm²，占工程面积的 8.2%
	武汉	4	黄陂区、新洲区、江夏区、蔡甸区
	宜昌	10	宜昌市郊、宜昌县、兴山、秭归、长阳、五峰、远安、宜都、当阳、枝江
	襄樊	8	谷城、老河口、保康、南漳、襄阳、枣阳、襄樊市郊、宜城
	十堰	7	竹山、竹溪、房县、丹江口、郧阳区、郧西、十堰市郊
	恩施	8	咸丰、来凤、恩施市、利川、建始、巴东、宣恩、鹤峰
	荆门	4	东宝区、京山、钟祥、沙洋
	黄冈	10	黄州区、团风、浠水、蕲春、黄梅、英山、罗田、红安、麻城、武穴
	孝感	7	大悟、安陆、孝昌、孝南区、云梦、应城、汉川
	随州	2	随州市、广水
	荆州	7	荆州市郊区、江陵、公安、监利、石首、洪湖、松滋

续表

省（自治区、直辖市）	市、地区	县数	工程县（市、区）名称
湖北	直管	3	天门、潜江、仙桃
	黄石	3	黄石市郊、阳新、大冶
	鄂州	1	鄂州市
	咸宁	6	咸安区、通山、崇阳、通城、赤壁、嘉鱼
浙江	8	36	治理面积 5 544 191hm²，占工程区面积 2.4%
	杭州	6	西湖区、建德、富阳、临安、桐庐、淳安
	嘉兴	4	秀城区、秀洲区、桐乡、嘉善
	湖州	4	安吉、湖州市、长兴、德清
	绍兴	3	诸暨、嵊州、新昌
	台州	1	天台
	金华	9	婺城区、兰溪、东阳、义乌、永康、金华县、浦江、武义、磐安
	衢州	6	柯城区、江山、衢县、龙游、常山、开化
	丽水	3	龙泉、缙云、遂昌
江西	11	89	治理区面积 15 828 047hm²，占工程区面积 6.9%
	南昌	6	南昌县、南昌市郊、湾里区、进贤、新建、安义
	景德镇	3	乐平、昌江区、浮梁
	上饶	12	万年、鄱阳、余干、婺源、德兴、弋阳、铅山、上饶县、广丰、横峰、上饶市、玉山
	九江	11	永修、都昌、九江县、德安、星子、湖口、彭泽、濂溪区、瑞昌、修水、武宁
	宜春	10	樟树、高安、宜春市、上高、靖安、铜鼓、奉新、万载、丰城
	新余	2	分宜、渝水区
	鹰潭	3	贵溪、余江、月湖区
	抚州	11	临川、金溪、资溪、南丰、宜黄、南城、黎川、崇仁、乐安、东乡、广昌
	吉安	13	永丰、安福、吉安县、吉水、新干、峡江、吉州区、青原区、遂川、永新、井冈山、泰和、万安
	萍乡	5	上渠、芦溪、莲花、湘东区、安源区
	赣州	13	于都、宁都、赣县、瑞金、兴国、石城、会昌、南康、章贡区、信丰、上犹、大余、崇义
上海	1	4	治理区面积 275 753hm²，占工程区面积 0.1%
		4	松江区、青浦区、闵行区、嘉定区

附录3 珠江流域防护林体系建设二期工程规划范围

省（自治区）	县（市、区）个数	县（市、区）名称
总计	187	
云南	17	曲靖市：陆良、富源
		昆明市：宜良、石林
		玉溪市：澄江、峨山、华宁、江川、通海、红塔区
		红河哈尼族彝族自治州：石屏、建水、蒙自、个旧、泸西
		文山壮族苗族自治州：砚山、富宁
贵州	18	六盘水市：盘州
		安顺地区：普安、关岭、紫云
		黔西南布依族自治州：晴隆、望谟、贞丰、兴仁、安龙、册亨、兴义
		黔南布依族苗族自治州：惠水、平塘、独山、三都、罗甸、荔波
		黔东南苗族侗族自治州：从江
广东	57	肇庆市：封开、德庆、高要、鼎湖区、端州、四会、广宁、怀集
		茂名市：信宜
		云浮市：新兴、罗定、云城区、云安、郁南
		江门市：鹤山、蓬江区、江海区、开平
		韶关市：乐昌、仁化、南雄、始兴、翁源、曲江、乳源、新丰、北江区、浈江区、武江区
		清远市：连南、连州、连山、英德、阳山、清新、佛冈、清城区、飞来峡区
		河源市：和平、龙川、紫金、连平、东源、源城区
		广州市：从化、增城、花都、白云区
		惠州市：博罗、惠阳区、龙门、惠城区
		梅州市：兴宁
		佛山市：三水、南海、顺德、高明

续表

省 （自治区）	县（市、区） 个数	县（市、区）名称
湖南	5	永州市：江华、江永
		郴州市：临武、宜章、汝城
江西	5	赣州市：安远、龙南、定南、全南、寻乌
广西	85	百色地区：西林、田林、凌云、百色市、那坡、田阳、田东、德保、靖西、平果、隆林、乐业
		崇左地区：天等、扶绥、大新、崇左、隆安、宁明、龙州、横县
		防城港市：上思
		南宁地区：武鸣、邕宁、南宁市郊区、马山、上林、宾阳
		贵港市：桂平、港南区、覃塘区、港北区、平南
		河池地区：天峨、南丹、凤山、都安、大化、巴马、东兰、河池市、环江、宜州、罗城
		柳州地区：金秀、武宣、来宾、合山、鹿寨、忻城、融安、融水、象州、三江、柳江、柳城、柳州市郊区
		桂林市：资源、全州、灌阳、兴安、灵川、雁山区、阳朔、平乐、荔浦、恭城、龙胜、永福、临桂
		梧州市：岑溪、蒙山、藤县、苍梧、梧州市郊区
		贺州地区：昭平、富川、钟山、贺州
		玉林市：容县、北流、博白、兴业、陆川、玉州区、福绵区

附录4 长江流域防护林体系建设三期规划建设分区

治理类型区	省（自治区、直辖市）	市、地区	县（市、区）数	工程县（市、区）名称
	4	14	86	
江源高原高山生态保护水源涵养治理区	四川	德阳	2	绵竹、什邡
		乐山	2	峨边、马边
		雅安	7	雨城区、荥经、汉源、石棉、天全、芦山、宝兴
		阿坝	12	汶川、茂县、松潘、金川、小金、黑水、马尔康、壤塘、阿坝县、九寨沟、若尔盖、红原
		甘孜	18	康定、泸定、丹巴、九龙、雅江、道孚、炉霍、甘孜县、新龙、德格、白玉、石渠、色达、理塘、巴塘、乡城、稻城、得荣
		凉山	4	木里、盐源、越西、甘洛
	云南	丽江	1	宁蒗
		迪庆	3	香格里拉、德钦、维西
	西藏	拉萨	8	城关区、达孜、当雄、林周、墨竹工卡、尼木、堆龙德庆、曲水
		日喀则	10	谢通门、拉孜、南木、日喀则市、白朗、江孜、仁布、定结、定日、萨迦
		山南	8	浪卡子、贡嘎、扎囊、乃东、琼结、桑日、曲松、加查
		那曲	2	嘉黎、那曲县
	青海	玉树	5	玉树、杂多、称多、治多、曲麻莱
		果洛	4	班玛、达日、久治、省属玛可河林业局

续表

治理类型区	省（自治区、直辖市）	市、地区	县（市、区）数	工程县（市、区）名称
	5	13	64	
秦巴山地水土保持水源涵养治理区	湖北	襄阳	1	保康
		十堰	3	竹山、竹溪、房县
	四川	绵阳	2	北川、平武
		广元	6	朝天区、元坝区、利州区、旺苍、青川、剑阁
		达州	2	宣汉、万源
		巴中	4	巴州区、通江、南江、平昌
	重庆		1	城口
	陕西	商洛	7	商州区、洛南、丹凤、商南、山阳、镇安、柞水
		汉中	11	汉台区、南郑区、城固、洋县、西乡、勉县、宁强、略阳、镇巴、留坝、佛坪
		安康	10	汉滨区、汉阴、石泉、宁陕、紫阳、岚皋、平利、镇坪、旬阳、白河
		宝鸡	2	凤县、太白
	甘肃	陇南	11	武都区、成县、康县、文县、西和、礼县、两当、徽县、宕昌、岷江总场、康南总场
		甘南	1	舟曲、迭部
		天水	2	麦积区、秦州区
四川盆地低山丘陵水土保持治理区	2	16	87	
	四川	成都	6	龙泉驿区、金堂、彭州、崇州、大邑、邛崃
		自贡	6	自流井区、沿滩区、贡井区、大安区、荣县、富顺
		泸州	4	泸县、叙永、合江、古蔺
		德阳	3	罗江、旌阳区、中江
		绵阳	3	涪城区、游仙区、盐亭
		广元	1	苍溪
		遂宁	5	安居区、船山区、蓬溪、射洪、大英
		内江	5	市中区、东兴区、威远、隆昌、资中
		资阳	4	雁江区、乐至、安岳、简阳
		乐山	9	市中区、沙湾区、五通桥区、金口河区、犍为、井研、夹江、沐川、峨眉山

治理类型区	省（自治区、直辖市）	市、地区	县（市、区）数	工程县（市、区）名称
四川盆地低山丘陵水土保持治理区	四川	眉山	6	东坡区、仁寿、洪雅、彭山、青神、丹棱
		宜宾	10	翠屏区、宜宾县、南溪、江安、长宁、高县、筠连、珙县、兴文、屏山
		南充	9	嘉陵区、高坪区、顺庆区、南部、营山、蓬安、仪陇、西充、阆中
		广安	5	广安区、华蓥、岳池、武胜、邻水
		达州	5	通川区、达县、开江、大竹、渠县
		雅安	1	名山区
	重庆		5	合川区、潼南区、铜梁、大足、荣昌
	3	14	70	
攀西滇北山地水土保持治理区	四川	攀枝花	3	西区、仁和区、盐边
		凉山	13	西昌、德昌、会理、会东、宁南、普格、布拖、金阳、昭觉、喜德、冕宁、美姑、雷波
	贵州	毕节	1	威宁
		昆明	5	西山区、安宁、富民、东川区、寻甸
		昭通	7	昭阳区、鲁甸、巧家、盐津、大关、永善、水富
		曲靖	7	沾益区、麒麟区、马龙、宣威、会泽、罗平、师宗
		楚雄	10	楚雄市、牟定、南华、姚安、大姚、永仁、元谋、武定、禄丰、双柏
		大理	8	祥云、宾川、剑川、大理市、南涧、弥渡、洱源、巍山
		怒江	4	贡山、福贡、泸水、兰坪
		红河	2	弥勒、开远
		文山	2	广南、丘北
		玉溪	1	新平
		西双版纳	3	勐腊、景洪、勐海
	云南	丽江	4	永胜、华坪、古城区、玉龙

治理类型区	省（自治区、直辖市）	市、地区	县（市、区）数	工程县（市、区）名称
	4	10	88	
	湖北	恩施	2	咸丰、来凤
	重庆		4	秀山、黔江区、酉阳、彭水
	云南	昭通	3	威信、镇雄、彝良
乌江流域石质山地水土保持治理区	贵州	贵阳	11	乌当区、开阳、息烽、修文、省扎佐林场、清镇、花溪区、白云区、云岩区、南明区、小河区
		六盘水	3	钟山区、水城、六枝特区
		遵义	17	遵义县、桐梓、绥阳、正安、宽阔水自然保护区管理局、道真、大沙河自然保护区、务川、凤冈、湄潭、余庆、仁怀、赤水、习水、习水自然保护区、红花岗区、汇川区
		铜仁	13	铜仁市、江口、玉屏、石阡、佛顶山自然保护区管理局、思南、印江、德江、沿河、麻阳河自然保护区管理局、松桃、梵净山自然保护区管理局、万山特区
		毕节	8	毕节市、草海自然保护区管理局、大方、黔西、金沙、织金、纳雍、赫章
		安顺	4	西秀区、平坝区、普定、镇宁
		黔东南	16	凯里、黄平、施秉、三穗、镇远、岑巩、天柱、锦屏、剑河、台江、黎平、榕江、雷山、雷公山自然保护区管理局、麻江、丹寨
		黔南	7	都匀、贵定、福泉、瓮安、长顺、龙里、省龙里林场
三峡库区水土保持库岸防护治理区	2	3	47	
	湖北	宜昌	9	点军区、夷陵区、兴山、秭归、长阳、五峰、远安、宜都、猇亭区
		神农架林区	1	神农架林区
		恩施	7	恩施市、利川、建始、巴东、宣恩、鹤峰、星斗自然保护区
	重庆		30	江北区、大渡口区、渝中区、沙坪坝区、九龙坡区、南岸区、巴南区、渝北区、北碚区、双桥区、万盛区、万州区、江津区、永川区、南川区、涪陵区、綦江区、璧山区、梁平、长寿区、垫江、丰都、武隆、开县、忠县、云阳、奉节、巫山、巫溪、石柱

续表

治理类型区	省（自治区、直辖市）	市、地区	县（市、区）数	工程县（市、区）名称
	1	9	53	
沂蒙山地丘陵水土保持治理区	山东	济南	9	历城区、历下区、市中区、槐荫区、天桥区、章丘、长清区、平阴、省直药乡林场
		淄博	6	沂源、博山区、淄川区、临淄区、周村区、张店区
		潍坊	4	安丘、昌乐、青州、临朐
		枣庄	6	市中区、峄城区、薛城区、山亭区、台儿庄区、滕州
		济宁	9	任城区、曲阜、邹城、兖州、微山、嘉祥、汶上、梁山、泗水
		泰安	6	泰山区、岱岳区、新泰、肥城、宁阳、东平
		滨州	1	邹平
		莱芜	2	莱城区、钢城区
		临沂	10	罗庄区、河东区、兰山区、郯城、苍山、费县、平邑、蒙阴、沂南、沂水
黄淮平原水土保持堤岸防护治理区	3	18	94	
	河南	信阳	2	息县、淮滨
		驻马店	8	遂平、驿城区、新蔡、西平、汝南、平舆、正阳、上蔡
		洛阳	1	汝阳
		平顶山	2	叶县、舞钢
		郑州	8	荥阳、登封、新密、中原区、二七区、中牟、新郑、管城区
		开封	9	开封县、兰考、尉氏、通许、杞县、龙亭区、顺河区、鼓楼区、禹王区
		周口	1	商水
		商丘	9	虞城、夏邑、永城、柘城、民权、宁陵、睢县、睢阳区、梁园区
		漯河	5	郾城区、舞阳、临颍、源汇区、召陵区
		许昌	5	禹州、襄城、长葛、许昌县、鄢陵
	安徽	淮南	7	凤台、潘集区、八公山区、田家庵区、大通区、谢家集区、毛集区
		蚌埠	3	怀远、固镇、五河

续表

治理类型区	省（自治区、直辖市）	市、地区	县（市、区）数	工程县（市、区）名称
黄淮平原水土保持堤岸防护治理区	安徽	阜阳	8	界首、阜南、太和、临泉、颍泉区、颍东区、颍州区、颍上
		亳州	4	谯城区、涡阳、蒙城、利辛
		淮北	4	濉溪、相山区、烈山区、杜集区
		宿州	6	砀山、萧县、泗县、灵璧、埇桥区、夹沟林场
	山东	济宁	3	市中区、鱼台、金乡
		菏泽	9	牡丹区、巨野、成武、鄄城、东明、定陶、曹县、单县、郓城
伏牛山武当山水源涵养治理区	2	4	14	
	湖北	十堰	6	丹江口、郧阳区、郧西、茅箭区、张湾区、武当山特区
		襄阳	2	谷城、老河口
	河南	南阳	6	西峡、淅川、南召、内乡、镇平、邓州
大别山桐柏山江淮丘陵水土保持治理区	3	15	77	
	湖北	襄阳	6	南漳、襄州区、枣阳、襄城区、宜城、樊城区
		荆门	5	掇刀区、京山、钟祥、屈家岭管理区、太子山林管局
		黄冈	10	黄州区、团风、浠水、蕲春、黄梅、英山、罗田、红安、麻城、武穴
		孝感	3	大悟、安陆、孝昌
		随州	3	随县、广水、曾都区
		武汉	2	黄陂区、新洲区
		宜昌	1	当阳
	河南	南阳	7	方城、社旗、唐河、新野、卧龙区、宛城区、桐柏
		信阳	6	商城、新县、光山、固始、平桥区、浉河区
		驻马店	2	泌阳、确山
	安徽	安庆	5	岳西、桐城、潜山、太湖、大龙山林场
		六安	8	舒城、霍邱、霍山、金寨、寿县、金安区、裕安区、叶集区
		滁州	9	来安、全椒、凤阳、定远、天长、明光、南谯区、管店林业总场、沙河集林业总场
		巢湖	3	含山、庐江、居巢区
		合肥	7	长丰、肥东、肥西、包河区、蜀山区、庐阳区、瑶海区

续表

治理类型区	省（自治区、直辖市）	市、地区	县（市、区）数	工程县（市、区）名称
	6	32	112	
长江中下游滨湖堤岸防护治理区	湖北	荆门	1	沙洋
		孝感	4	孝南区、云梦、应城、汉川
		咸宁	1	嘉鱼
		武汉	2	江夏、蔡甸区
		荆州	8	荆州区、江陵、公安、监利、石首、洪湖、松滋、沙市
		直管	3	天门、潜江、仙桃
		宜昌	1	枝江
		黄石	2	阳新、大冶
		鄂州	3	鄂城区、梁子湖区、华容区
	湖南	岳阳	8	岳阳楼区、云溪区、君山区、岳阳、华容、湘阴、汨罗、临湘
		益阳	4	沅江、南县、赫山区、资阳区
		常德	6	澧县、汉寿、鼎城区、津市、安乡、武陵区
	安徽	巢湖	2	无为、和县
		安庆	6	枞阳、宿松、怀宁、望江、大观区、宜秀区
		池州	2	东至、贵池区
		铜陵	1	铜陵市
		芜湖	5	芜湖县、南陵、繁昌、三山区、鸠江区
		马鞍山	1	当涂
	江西	南昌	3	南昌县、进贤、安义
		景德镇	2	乐平、昌江区
		宜春	2	丰城、明月山区
		上饶	2	鄱阳、余干
		抚州	1	东乡
		九江	8	永修、都昌、九江县、德安、星子、湖口、彭泽、瑞昌
	江苏	常州	4	武进区、金坛、溧阳、新北区
		淮安	6	清浦区、淮阴区、楚州区、金湖、盱眙、洪泽
		泰州	2	泰兴、靖江

治理类型区	省（自治区、直辖市）	市、地区	县（市、区）数	工程县（市、区）名称
长江中下游滨湖堤岸防护治理区	江苏	南京	5	江宁区、溧水、高淳、六合区、浦口区
		徐州	8	丰县、沛县、新沂、邳州、睢宁、铜山、贾汪区、徐州市林场
		扬州	5	宝应、高邮、江都、仪征、邗江区
		宿迁	3	宿豫区、泗阳、泗洪
	浙江	湖州	1	长兴
武陵山雪峰山山地水源涵养治理区	1	8	44	
	湖南	益阳	2	安化、桃江
		常德	3	临澧、桃源、石门
		娄底	5	涟源、冷水江、新化、双峰、娄星区
		张家界	4	桑植、慈利、永定区、武陵源区
		湘西	8	吉首、凤凰、泸溪、花垣、保靖、永顺、龙山、古丈
		怀化	11	中方、鹤城区、会同、靖州、洪江、芷江、溆浦、麻阳、辰溪、新晃、沅陵
		邵阳	10	隆回、洞口、武冈、绥宁、双清区、大祥区、北塔区、邵东、新邵、邵阳县
		湘潭	1	湘乡
幕阜山山地水土保持治理区	3	6	23	
	湖北	咸宁	5	咸安区、通山、崇阳、通城、赤壁
	湖南	岳阳	1	平江
		长沙	1	浏阳
	江西	九江	2	修水、武宁
		宜春	9	樟树、高安、袁州区、上高、靖安、铜鼓、奉新、万载、宜丰
		新余	5	分宜、渝水区、仙女湖区、高新区、孔目江区
天目山山地丘陵水土保持治理区	3	8	26	
	安徽	黄山	7	祁门、黟县、歙县、休宁、黄山区、徽州区、屯溪区
		宣城	7	宣州区、宁国、广德、郎溪、泾县、旌德、绩溪
		池州	2	青阳、石台

治理类型区	省（自治区、直辖市）	市、地区	县（市、区）数	工程县（市、区）名称
天目山山地丘陵水土保持治理区	江西	景德镇	2	浮梁、枫树山林场
		上饶	2	婺源、德兴
	浙江	杭州	4	建德、临安、桐庐、淳安
		湖州	1	安吉
		衢州	1	开化
湘赣浙丘陵水土保持治理区	4	14	88	
	湖南	长沙	8	长沙县、望城、雨花区、宁乡、开福区、芙蓉区、天心区、岳麓区
		湘潭	4	韶山、岳塘区、雨湖区、湘潭县
		衡阳	9	珠晖区、衡南、衡东、衡山、衡阳县、南岳区、雁峰区、石鼓区、蒸湘区
		株洲	7	芦淞区、石峰区、天元区、荷塘区、株洲县、醴陵、攸县
	江西	鹰潭	3	贵溪、余江、龙虎山
		上饶	6	弋阳、铅山、上饶县、广丰、横峰、玉山
		抚州	9	临川区、金溪、资溪、南丰、宜黄、南城、黎川、崇仁、乐安
		吉安	7	永丰、安福、吉安县、吉水、新干、峡江、青原区
		萍乡	5	上栗、芦溪、莲花、湘东区、安源区
	福建	南平	10	光泽、浦城、延平区、武夷山、邵武、建阳、建瓯、松溪、政和、顺昌
		宁德	3	寿宁、屏南、周宁
	浙江	金华	9	婺城区、兰溪、东阳、义乌、永康、金东区、浦江、武义、磐安
		衢州	5	柯城区、江山、衢江区、龙游、常山
		丽水	3	龙泉、缙云、遂昌
南岭山地水源涵养治理区	3	10	54	
	湖南	邵阳	1	新宁
		郴州	5	嘉禾、永兴、桂东、安仁、资兴
		永州	6	宁远、新田、双牌、祁阳、冷水滩区、零陵区

续表

治理类型区	省（自治区、直辖市）	市、地区	县（市、区）数	工程县（市、区）名称
南岭山地水源涵养治理区	湖南	衡阳	3	祁东、常宁、耒阳
		株洲	2	茶陵、炎陵
	江西	赣州	12	于都、宁都、赣县、瑞金、兴国、石城、会昌、南康、章贡区、信丰、上犹、大余、崇义
		吉安	5	遂川、永新、井冈山、泰和、万安
		抚州	1	广昌
	福建	三明	12	宁化、梅列区、三元区、大田、永安、明溪、清流、尤溪、沙县、将乐、泰宁、建宁
		龙岩	7	武平、长汀、上杭、永定、连城、漳平、新罗区

资料来源：国家林业局《长江流域防护林体系建设三期工程规划（2011～2020 年)》